# 小学のなぜ？が1冊でしっかりわかる本

スタディサプリ講師
佐川大三

かんき出版

# 小学生のみなさんへ
## 理由がわかれば、どんどん楽しくなる！

　みなさんは学校に行くときに「空にきれいな虹がかかっている。」「冬に、はく息から白いもやが出た。」など、見たこと・体験したことがあるかと思います。それらの現象にはすべて理由があって、**その理由の多くを理科で説明することができます。**

　ぼくは小学生のときから理科が大好きで、直面した不思議な現象についていつも「なんでこうなるのだろう？？」と考えていました。わからなければ走って学校の図書室に向かったことを今でも覚えています。必死で調べても解決できなかったときは、心の中のモヤっとしたものがなかなかとれなくて、なんだかいやな気持ちになったことも覚えています。

　理科の勉強をするときに大切なのは、ただ教科書の内容を丸暗記するのではなく、「なぜこんなことが起こるのだろう？？」と、**不思議に思ったことの理由を、しっかりと納得いくまで知ろうとすること。**理由を深く知れば知るほど、理科が楽しい教科だということがわかってくると思います。

　さらに、たくさんのことを知っていくと、ひとつひとつのことが、つながってくることでしょう。そこまでいけば、もう君たちは理科のとりこになること間違いなしです。

　そんな勉強のしかたができるように、この本ではぼく自身が体験してきたこともふくめて、みなさんも見たことがありそうなものや現象について、その理由をくわしく説明しています。1つの現象の理由を知ることによって、「あのときのあんな現象も、これが原因だったのだ！！」と解決できることもたくさん出てくると思います。

　理科は自分から知ろうとすればするほど楽しくなる、不思議な科目であるということを、この本から感じていただければとても幸せです。理科好きな子どもたちがどんどん増えていってほしいと、心から願っています。

# おうちの方へ
## いつまでも記憶に深く残る学習を

親から子への勉強に関する言葉で、「昔やったのになんで忘れてしまうの？」という言葉を頻繁に耳にします。そもそも、人の頭は新しい情報が入ってくると古い情報が抜けていく仕組みになっています。ただ与えられた教材を見て、書いて、実感もわかないままひたすら覚える勉強の仕方では、瞬時に頭から抜けてしまいます。

逆に、**自ら興味を持って、能動的に観察・体験して感動を得たことに関しての記憶は、なかなか抜けません**。理科は日常で目の当たりにする現象がテーマですから、目の前のことをしっかり観察・考察すれば、効率よく記憶できる教科と言えます。

僕が授業をするときには、生徒たちに学んでほしいことを、彼らが日常で体験したことがあるであろうことに結び付けて説明しています。人によっては体験したことがなかったとしても、あとで体験してみたいと思ってもらえれば、しっかりと印象付けることができます。

「あの現象は、これが原因で起こるのだ！」と考えることが、深い理解へとつながるはずです。そして、理科という科目は原理をしっかりと理解することで「1を知って、100に応用できる」科目だとわかれば、必ず好きになってもらえると思っています。

近年は、中学入試・高校入試・大学入試においても、ただ知識を問う問題は減少傾向で、観察や実験から考察させて、そこからわかることを答えさせる問題が増えています。「○○を何というか？」という問題から、「**○○の結果がなぜ起こったと考えられるか？**」という問題にシフトしているのです。

そのような問題にも答えられるよう、本書では日常で接するもの・現象をもとに、その原理・仕組みをできるだけわかりやすく説明しました。いつまでも記憶に深く残るような学習に、本書を活用していただければ幸いです。

# 『小学理科のなぜ？が1冊でしっかり

## その1 暗記では身につかない本質的な理解力がつく！

　みなさんのなかには、将来、高校入試や大学入試を受ける人も多いと思います（もしかすると、中学受験をするという人もいるかもしれませんね）。実は、最近の入試では、「覚えた知識をそのまま答える」問題ではなく、「**なぜそうなったか＝原因や理由**」を答えさせる問題が増えつつあります。

　理科は小学校で学んだ内容を中学校でより詳しく、中学校で学んだ内容を高校でより詳しく……と、積み重ねながら学んでいく教科なので、小学生のうちから「理屈」を理解しておくことが大切です。この本では、**理科で勉強する大事なことを、クイズ形式で楽しく学んでいく**ことができます。用語の丸暗記では身につかない、本質的な理解力をつけられます。

## その2 身のまわりの疑問が題材だから想像しやすい！

　みなさんがイメージしやすいように、「レンコンに大きな穴があいているのはなぜ？」「アルコール消毒液を手につけるとヒヤッと感じるのはなぜ？」「バスボムをお湯に入れると、あわが出るのはなぜ？」など、**身のまわりの疑問を題材にした問題**を集めました。

　日常生活の中には、理科の知識で答えられる不思議がいっぱい。科学的な理由を答えられるか、頭をひねってみましょう。

# わかる本』の5つの強み

(その3) 重要事項がギュッとひとまとめに!

　楽しみながら理科を学んでもらいたい一方で、ある程度は暗記が必要なのも本当のところ。そこで、「問題」「答え」だけでなく、関連する重要事項も解説と一緒にまとめました。

　また、中学入試レベルの内容にも触れているので、中学入試を受ける人にはその役に立ちますし、中学入試を受けない人にとっては中学校の授業の先取りになるでしょう。

(その4) クスっと笑えるマンガが導入だから、楽しく読める!

　すべての問題ページに、クスっと笑えるマンガを載せました。架空の世界の物語もまじえたお勉強感のないマンガにしているので、勉強が苦手な人は、この本を読むきっかけにしてみてください。気になるところからパラパラと読みつつ、クイズに答えていきましょう。

(その5) 用語集としても使える「意味つき索引」つき!

　巻末には、本の中で登場する重要用語とその意味を「意味つき索引」としてまとめています。

　読んでいて用語の意味が気になったときはもちろん、宿題を解いているときや、日常生活の中で「あれ?」と思ったときには、「意味つき索引」を使って調べてみてください。

# 本書の使い方

## 問題ページ

① どの分野の何問めの問題かを表しています

② 身近な事象を題材にした問題です。ヒントも参考にしながら、自力で答えられるか考えてみましょう

# 答え<ruby>答え<rt>こた</rt></ruby>ページ

問
レンコンに大きな穴があいているのはなぜ？

（六甲学院中学校など）

③ 同じような内容を扱った入試問題が出題された学校名です

# 呼吸をおこなうための空気の通り道となっているから。

**解説**

植物は生きていくためのエネルギーを生み出すために呼吸をしています。レンコンはどろの中で育ちますが、どろの中には呼吸に必要な酸素が少なく、大きな穴があることで、外の空気を取り入れることができるのです。

［レンコン］

空気の通り道

④ 前のページの問題の答えと解説です

**植物のはたらき**

❶光合成…二酸化炭素と水からでんぷんと酸素をつくりだす。

❷呼吸…酸素とでんぷんから二酸化炭素と水をつくりだし、エネルギーを生みだす。

❸蒸散…葉にある気孔から水蒸気を出す。

酸素
光
光合成
二酸化炭素
呼吸
でんぷん
水蒸気
水
蒸散

**植物のからだのつくり**

❶道管…根から吸収した水や肥料の通り道。

❷師管…葉でつくった栄養分の通り道。

❸葉緑体…光合成をおこなう部分。

❹気孔…気体の出入り口。

［くきの断面図］
道管　師管

［葉の表面］
葉緑体　気孔

気孔は酸素、二酸化炭素、水蒸気などの出入り口となっているよ。

⑤ 解説に関連した重要事項です。「答え」と合わせて確認すると、理解度が高まります

22　道管、師管は根、くき、葉へとつながっている。

⑥ プラスアルファの知識やポイントです

# もくじ

小学生のみなさんへ・
おうちの方へ …………………2

『小学理科のなぜ？が1冊
でしっかりわかる本』の5
つの強み …………………4

本書の使い方 …………………6

## 生物

問題 01 花びらのある花とない花が
あるのはなぜ？ ………13

問題 02 マツやスギの花粉で花粉
症になりやすいのはなぜ？
…………………………15

問題 03 タンポポの1つの花の花び
らの枚数は「5枚」。さて、ど
うして？ ………17

問題 04 みんなが食べているブロッコ
リーは、植物のどの部分？…19

問題 05 レンコンに大きな穴があい
ているのはなぜ？ ………21

問題 06 夏に花をさかせるセリが
「春の七草」なのはなぜ？
…………………………23

問題 07 アサガオの花が早朝に開花
するのはなぜ？ ………25

問題 08 エンドウのおしべとめしべ
が花びらにつつまれている
のはなぜ？ ………27

問題 09 カブトムシが夜行性なのは
なぜ？ ………29

問題 10 チョウの羽に粉がついてい
るのはなぜ？ ………31

問題 11 ホタテに大きな貝柱がつい
ているのはなぜ？ ………33

問題 12 カマキリの幼虫と成虫の
姿が似ているのはなぜ？
…………………………35

問題 13 クマが冬眠するのはなぜ？
…………………………37

問題 14 犬のくちびるが黒いのはな
ぜ？ ………39

問題 15 カニのあしは10本だけど
「タラバガニ」のあしは8本。
さてどうして？ ………41

問題 16 ごはんを食べたあとに逆立
ちしても、逆流しないのは
なぜ？ ………43

問題 17 ヒトの肺と鳥の肺のちがい
は何？ ………45

問題 18 チョコレートを食べすぎると鼻血が出るのはなぜ？ ………47

問題 19 ご飯をたくさん食べるとねむくなるのはなぜ？ ………49

問題 20 左胸に手を当てたほうが、心臓の動きが大きいのはなぜ？ ………51

問題 21 「ねんざ」と「だっきゅう」のちがいは何？ ………53

問題 22 寒いときに「とりはだ」がたつのはなぜ？ ………55

## 地学

問題 01 1日が24時間なのはなぜ？ ………57

問題 02 宇宙から見た地球が青く見えるのはなぜ？ ………59

問題 03 宇宙が暗いのはなぜ？ ………61

問題 04 月面に空気がないのはなぜ？ ………63

問題 05 歩いても歩いても、太陽や月がついてくるのはなぜ？ ………65

問題 06 月食が起こる日は必ず「満月の日」なのはなぜ？ ………67

問題 07 太陽は昼に見えるのに、星座をつくっている星は夜にしか見えないのはなぜ？ ………69

問題 08 自分の誕生日の12星座が、誕生日の日に見ることができないのはなぜ？ ………71

問題 09 人間が金星に住めないのはなぜ？ ………73

問題 10 夏に気温が同じでも、湿度が高いほど暑く感じるのはなぜ？ ………75

問題 11 低気圧におおわれると、雨が降りやすくなるのはなぜ？ ………77

問題 12 ゲリラ豪雨が都心部でよく発生するのはなぜ？ ………79

問題 13 天気予報で聞く「真夏日」と「猛暑日」のちがいは何？ ………81

問題 14 天気予報でよく聞く「前線」。前線のあるところに雲ができるのはなぜ？ ………83

問題 15 火山から出る火山灰が東側に積もりやすいのはなぜ？ …… 85

問題 16 空全体の70％が雲でおおわれていても、天気予報は「晴れ」なのはなぜ？ …… 87

問題 17 台風は進行方向の左側より、右側のほうが危険！さて、どうして？ …… 89

問題 18 地震による「津波」と台風による「高波」のちがいは何？ …… 91

問題 19 日本で地震が多いのはなぜ？ …… 93

問題 20 「マグマ」と「溶岩」のちがいは何？ …… 95

問題 21 貝や大昔の生物の「化石」ができるのはなぜ？ …… 97

問題 22 地球温暖化が進んでいるのはなぜ？ …… 99

物理

問題 01 方位磁針のN極が北の方角をさすのはなぜ？ …… 101

問題 02 棒磁石でぬい針を決まった方向にこすると、ぬい針を磁石にすることができるのはなぜ？ …… 103

問題 03 自分の全身の姿を見るために必要な鏡の大きさは？ …… 105

問題 04 電車の「ガタンゴトン」の音。夏より冬のほうが大きいのはなぜ？ …… 107

問題 05 みそ汁を温めると、みそがぐるぐる回る。さて、どうして？ …… 109

問題 06 アルコール消毒液を手につけるとヒヤッと感じるのはなぜ？ …… 111

問題 07 魔法瓶の水筒の中の温度が変化しないのはなぜ？ … 113

問題 08 電球に電流が流れると明るくなるのはなぜ？ …… 115

問題 09 雪国ではLEDの信号機は使いにくい。さて、どうして？ …… 117

問題 10 火力発電が地球環境によくないといわれるのはなぜ？ …… 119

問題 11 点灯している2個の電球があります。1個を取っても、もう一方の電球の明るさが変わらないのはなぜ？ … 121

問題 12 リニアモーターカーはなんと時速500km！どうしてそんなに速く走れる？ … 123

問題 13 つめきりでつめが楽に切れるのはなぜ？ … 125

問題 14 卵は水にしずむけど、水に食塩を加えると卵がうくのはなぜ？ … 127

問題 15 重いものを引っぱって動かすのが大変なのはなぜ？ … 129

問題 16 昼よりも夜のほうが遠くまで音が届くのはなぜ？ … 131

問題 17 宇宙服を着た二人がいる。どうすれば宇宙空間で会話ができる？ … 133

問題 18 救急車のサイレンの音の高さが通り過ぎる瞬間に変わるのはなぜ？ … 135

問題 19 海が青く見えるのはなぜ？ … 137

問題 20 昼に空が青く見えるのはなぜ？ … 139

問題 21 雨上がりに虹が見えるのはなぜ？ … 141

## 化学

問題 01 ろうそくに火をつけると、液体のロウがたれてくるのはなぜ？ … 143

問題 02 炎がゆらゆらとゆらぐのはなぜ？ … 145

問題 03 くしゃくしゃにした紙を燃やすとたくさん「けむり」が出るのはなぜ？ … 147

問題 04 氷を入れた飲み物の入ったコップの外側がぬれるのはなぜ？ … 149

問題 05 やかんから出ている湯気。やかんの口から少しはなれたところに見えるのはなぜ？ … 151

問題 06 キンキンに冷えた氷を直接手でさわると、手にくっつくのはなぜ？ … 153

問題 07 ドライアイスをゆかに投げると、スーッとよくすべるのはなぜ？ ……… 155

問題 08 炭酸飲料入りのペットボトルをふると硬くなるのはなぜ？ ……… 157

問題 09 水の中に角砂糖を入れるとモヤモヤが見えるのはなぜ？ ……… 159

問題 10 氷を作ったとき、中に「白いもの」が見えるのはなぜ？ ……… 161

問題 11 空気にふくまれている気体って何？ ……… 163

問題 12 「過酸化水素水」「オキシドール」の呼び名がちがうのはなぜ？ ……… 165

問題 13 バスボムをお湯に入れると、あわが出るのはなぜ？ … 167

問題 14 水素が「クリーンなエネルギー」と呼ばれているのはなぜ？ ……… 169

問題 15 アルミかんとスチールかんの2種類があるのはなぜ？ ……… 171

問題 16 スマートフォンの中に「金」が使われているのはなぜ？ ……… 173

問題 17 紅茶にレモンを入れると、色がうすくなるのはなぜ？ ……… 175

問題 18 苦い生野菜もドレッシングをかけると食べやすくなるのはなぜ？ ……… 177

問題 19 酸性雨がふつうの雨よりも酸性が強いのはなぜ？ … 179

問題 20 地球の大気中に酸素があるのはなぜ？ ……… 181

問題 21 プラスチックを燃やさないほうがいいのはなぜ？ … 183

意味つき索引 ……… 185

装丁 ● 藤塚尚子（etokumi）
DTP ● マーリンクレイン
イラスト（カバー、問題ページ）● えのきのこ、辻井タカヒロ

本文デザイン ● 二ノ宮匡
図版（答えページ）● 熊アート

注記 本書の記述範囲を超えるご質問（解法の個別指導依頼など）につきましては、お答えしかねます。あらかじめご了承ください。

# 花びらのある花とない花が あるのはなぜ？

ヒント　そもそも、花びらの役割って……？

# 答え

## 問
花びらのある花とない花があるのはなぜ？

# 花粉を昆虫などの動物に運んでもらう花と、風に運んでもらう花があるから。

## 解説

花は種子をつくるために、おしべでつくった花粉をめしべの先端（柱頭）に運ばなくてはなりません。**きれいな花びらは、昆虫などの動物をさそって花粉を運んでもらうためのものなのです。**

一方で、花びらのない花のほとんどは、風に花粉を運んでもらいます。

[アブラナの花]

めしべ　花びら（黄）4枚
がく　おしべ
4枚　6本

[トウモロコシの花]

雄花
花粉
※花びら、がくはない
雌花

- - - - - - - - - - - - - - - - - - - - - - - -

受粉…めしべの柱頭に、おしべでつくった花粉がつくこと。

❶花粉が昆虫によって運ばれる花（虫媒花という）には、きれいな花びらがある。

❷花粉が風によって運ばれる花（風媒花という）には、花びらがないものが多い。

　例　マツ、スギ、トウモロコシ、ススキなど

受粉後…めしべの子房が実（果実）になり、はいしゅが種（種子）になる。

[受粉の様子]

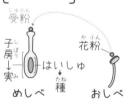

受粉
子房→実
めしべ
はいしゅ
種
花粉
おしべ

虫媒花の花粉は、昆虫につきやすい形をしているものが多いんだ。

　オオカナダモなどのように水面で花をさかせて、花粉が水で運ばれる花もある（水媒花）。

# マツやスギの花粉で花粉症になりやすいのはなぜ？

ヒント　マツやスギの花粉の運ばれ方は……？

## 答え

マツやスギの花粉で花粉症になりやすいのはなぜ？

# マツやスギは、風によって遠くに飛ばされやすいつくりの花粉を大量につくるから。

## 解説

マツやスギは、花粉が風によって運ばれる植物です（**風媒花**という）。これらの花粉は空気ぶくろなどをもち、**遠くに運ばれやすいつくり**をしています。また、**風まかせ**の受粉をすることになるので、**風にとばされやすい花粉を大量につくる必要がある**のです。

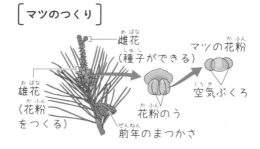

［マツのつくり］

雌花（種子ができる）

マツの花粉

空気ぶくろ

雄花（花粉をつくる）

花粉のう

前年のまつかさ

・・・・・・・・・・・・・・・・・・・・・・・・・・・・・・・・・・・・・・・・・・・・・・・・・・・・・・

**裸子植物**…はいしゅが子房に包まれておらず、むき出しになっている植物のこと。

　**例** マツ、スギ、イチョウ、ソテツなど

**裸子植物の花のつくり**…花びらやがくはなく、雄花や雌花（雄株や雌株）の2種類の花をもつ。

**風媒花の植物**…裸子植物やトウモロコシ、ススキなどのイネ科の植物に多い。

［マツの受粉］

マツの雌花　種子

受粉　風で運ばれる

マツの雄花　花粉

風媒花の植物の花粉は、空気の抵抗を受けやすいつくりをしているものが多いよ！

風媒花の植物以外の植物の花粉でも、アレルギーが発症することがある。

# タンポポの 1 つの花の花びらの枚数は「5 枚」。

# さて、どうして？

**ヒント** タンポポの 1 つの花とは、どれをさす？

**1** 私、お花の中でコスモスが一番好きなの！

**2** いいね！ここにコスモスがあるよ

アイちゃんがぼくのことを好きかどうか、花うらないでためしてみよう！

**3** 好き、きらい、好き、きらい、好き……あっ！

あっ

**4** どんまい……！

ガーン

※コスモスで花うらないをするときは「きらい」からはじめよう！

17

## 答え

タンポポの1つの花の花びらの枚数は「5枚」。さて、どうして？

# 5枚の花びらを持つ小さな花が

# たくさん集まって1つの大きな花のように見えるから。

## 解説

タンポポやヒマワリなどの「キク科」の植物は、**小さな1つの花がたくさん1カ所に集まっている**ものが多いです。

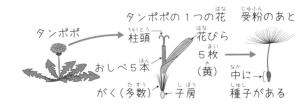

タンポポ　→　タンポポの1つの花
柱頭
おしべ5本
がく（多数）　子房
花びら 5枚（黄）
受粉のあと
中に種子がある

全体で1つの花なのではなく、集まっている小さな1つひとつの花が、それぞれ1つの花としてカウントされるのです。

・・・・・・・・・・・・・・・・・・・・・・・・・・・・・・・・・・・・・・・・・・

キク科の植物…タンポポ、ヒマワリ、マリーゴールド、コスモスなど。
キク科の植物の花の特徴
❶小さな花が1カ所に大量に集まっている。
❷1つの花に5枚の花びらがあり、5枚はくっついている（合弁花という）。
その他の合弁花の植物…アサガオ（ヒルガオ科）、ツツジ（ツツジ科）、ヘチマ（ウリ科）、ジャガイモ（ナス科）など。

合弁花

アサガオ
など

離弁花

アブラナ
など

アブラナ（アブラナ科）、サクラ（バラ科）、エンドウ（マメ科）の花などは、花びらがはなれている「離弁花」の植物だよ。

　多くの花の子房は、がくより上にあるが、タンポポは下にある。

# みんなが食べているブロッコリーは、植物のどの部分？

ヒント　ブロッコリーをよーく見てみると……。

1　ブロッコリーを食べていると思いだす……

何を？

ムシャ　ムシャ

2　ふるさとの森を……

3　ブロッコリーは小さい森かあ

4　ちなみにカリフラワーは雪山

君は冬ごもりしてたんじゃないの？

## 答え

**問** みんなが食べているブロッコリーは、植物のどの部分？

# 花のつぼみを食用としている。

### 解説

ブロッコリーはアブラナ科の植物で、**収穫せずにおいておくと黄色い花がさきます。**
みんなが食べているブロッコリーは、**くきから枝分かれした花のつぼみです。** つぼみには栄養が豊富にふくまれているので、開花前に収穫して、食べているのです。

[ブロッコリー]

花のつぼみ

---

アブラナ科の植物…アブラナ、ナズナ、ダイコン、カブ、ブロッコリーなど。
その他、植物の食用としている部分
**❶根を食用としている**…サツマイモ、ゴボウ、ダイコン、ニンジンなど。
**❷くきを食用としている**…レンコン、タケノコ、ジャガイモなど。
**❸葉を食用としている**…レタス、タマネギ、ホウレンソウなど。
**❹種子を食用としている**…イネ、トウモロコシ、クリ、ダイズなど。
**❺実を食用としている**…カボチャ、ナス、トマトなど。

| 根を食用 | くきを食用 | 葉を食用 | 種子を食用 | 実を食用 |
|---|---|---|---|---|
| ダイコン | レンコン | レタス | クリ | トマト |
| サツマイモ | ジャガイモ | タマネギ | イネ | カボチャ |

ブロッコリーはくきにも栄養があって、おいしいよ！

---

ジャガイモのみんなが食べているところは、地下のくきに栄養をたくわえた部分である。

# レンコンに大きな穴が
# あいているのはなぜ？

ヒント　レンコンはどこで育つか、考えてみよう！

## 答え こた

問 とい

レンコンに大きな穴があいているのはなぜ？

# 呼吸をおこなうための
# 空気の通り道となっているから。

### 解説 かいせつ

植物は生きていくためのエネルギーを生み出すために呼吸をしています。

レンコンはどろの中で育ちますが、**どろの中には呼吸に必要な酸素が少なく、大きな穴があることで、外の空気を取り入れることができる**のです。

［レンコン］

空気の通り道 くうき とお みち

---

### 植物のはたらき

❶ 光合成…二酸化炭素と水からでんぷんと酸素をつくりだす。

❷ 呼吸…酸素とでんぷんから二酸化炭素と水をつくりだし、エネルギーを生みだす。

❸ 蒸散…葉にある気孔から水蒸気を出す。

酸素

光

光合成

呼吸

でんぷん

水蒸気

二酸化炭素

蒸散

水

### 植物のからだのつくり

❶ 道管…根から吸収した水や肥料の通り道。

❷ 師管…葉でつくった栄養分の通り道。

❸ 葉緑体…光合成をおこなう部分。

❹ 気孔…気体の出入り口。

［くきの断面図］

道管　師管

［葉の表面］

葉緑体　気孔

気孔は酸素、二酸化炭素、水蒸気などの出入り口となっているよ。

道管、師管は根、くき、葉へとつながっている。

# 夏に花をさかせるセリが
# 「春の七草」なのはなぜ？

ヒント お正月に食べる春の七草は、植物のどの部分を食べている？

答え

問 夏に花をさかせるセリが「春の七草」なのはなぜ？

# セリは花ではなく、くきや葉の部分を食用としているから。

## 解説

セリは春の七草のうちでゆいいつ、夏に花をさかせます。春の七草は「春にきれいな花をさかせる植物」ではなく、昔は長寿や無病息災をいのるものとして、現在では年末年始でつかれた内臓をいたわるための植物として、「七草がゆ」に使われています。

春の七草…セリ、ナズナ、ゴギョウ、ハコベ、ホトケノザ、スズナ、スズシロ。スズナはカブ、スズシロはダイコンのこと（いずれもアブラナ科）。ゴギョウはハハコグサともいう（キク科）。ホトケノザはコオニタビラコともいう（キク科）。

秋の七草…ハギ、ススキ、クズ、ナデシコ、オミナエシ、フジバカマ、キキョウ。秋の七草は万葉集にのっている、山上憶良がよんだ歌にちなんでいる。

セリ　　ナズナ　　ゴギョウ　　ハコベ　ホトケノザ　スズナ　スズシロ
　　　　　　　　（ハハコグサ）　　　（コオニタビラコ）（カブ）（ダイコン）

ハギ　　ススキ　　クズ　　ナデシコ　オミナエシ　フジバカマ　キキョウ

秋の七草の、ハギとクズはマメ科の植物です。

セリには胃や腸を整えるはたらきがある。

# アサガオの花が
# 早朝に開花するのはなぜ？

ヒント アサガオの開花の決め手となるのは、暗い時間帯で……。

## 答え

# アサガオには、日の入り後に
# 暗くなってから約9時間後に
# 花をさかせる性質があるから。

## 解説

アサガオは7月中旬から、早朝（3〜4時ごろ）に開花します。これは夏至の日（6月22日ごろ）から日の入りの時刻が少しずつ早くなって、**日の入り後の暗い時間が約9時間続いたあとに開花する**という性質があるからです。

· · · · · · · · · · · · · · · · · · · · · · · · · · · · · · · · · · · · ·

### アサガオの育て方

❶ **種まき**…5〜6月上旬ごろ。種子はぎっしりとしたものを選ぶ。
❷ **発芽の時期**…水やりは土の表面がかわいてからおこなう。
❸ **本葉やつるがのびるころ**…つるが15cmほどのびたら支柱を立てる。
❹ **開花の時期・実ができる時期**…暑い日が続くときは日かげに半日ほど置く。

夜の長さが長くなると開花する植物…アサガオ、キク、イネなど。（短日植物）
夜の長さが短くなると開花する植物…アブラナ、ダイコンなど。（長日植物）

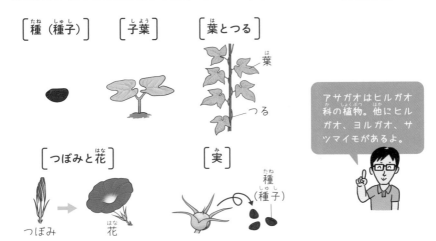

［種（種子）］　［子葉］　［葉とつる］

葉

つる

［つぼみと花］　　［実］

つぼみ　花

種（種子）

> アサガオはヒルガオ科の植物。他にヒルガオ、ヨルガオ、サツマイモがあるよ。

短日植物は夏至から冬至までの間に開花する。

# エンドウのおしべとめしべが花びらにつつまれているのはなぜ？

ヒント エンドウの花は、開花した段階でどうなっている？

# エンドウの花は、

# 1つの花の中で受粉（自家受粉）をおこなうから。

---

### 解説 かい せつ

エンドウの花は、5枚の花びらと5枚のがく、10本のおしべと1本のめしべからできています。おしべとめしべは花びらにしっかりとつつまれており、おたがいによりそっています。エンドウは、**開花すると受粉が完了している**つくりになっているのです。

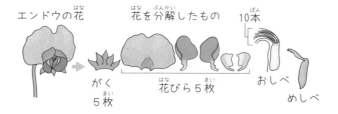

エンドウの花　花を分解したもの　10本

がく 5枚　花びら5枚　おしべ　めしべ

---

エンドウの花のつくり（マメ科の植物）

❶ 花びら5枚（大きさは3種類）、がく5枚、おしべ10本（9本＋1本）、めしべ1本。

❷ おしべの先がめしべの先に近い状態で花びらにしっかりつつまれている。

[めしべの断面]

はいしゅ

子房 しぼう

自家受粉…1つの花の中でおこなう受粉（昆虫や風が花粉を運ばなくても受粉できる）。エンドウ、アサガオなどは自家受粉する。

マメ科の植物…エンドウ、ソラマメ、ダイズ、アズキ、シロツメクサ、レンゲソウ、ハギ、クズなど。

ハギやクズは「秋の七草」の中の植物だったね。

📖 マメ科の植物は、花びらがそれぞれはなれている離弁花の植物である。

問題09

# カブトムシが夜行性なのはなぜ？

ヒント　カブトムシのからだのつくりを考えると……？

答え

問

（慶應義塾 湘南藤沢 中 等部など）

カブトムシが夜行性なのはなぜ？

# カブトムシは視力がほとんどなく、
# 触角を使ってにおいなどを
# 感じて行動しているから。

## 解説

カブトムシは夜にクヌギの木などの樹液をなめに来ています。視力がほとんどなく、味やにおいを感じとる触角をたよりに行動しているためです。

また、夜間行動は、敵と出会うことが少なくなるというメリットもあります。

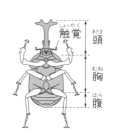

触覚 頭

胸

腹

昆虫のからだのつくり

❶頭・胸・腹の3つの部分に分かれている。

❷頭に複眼と単眼、触角や口がある。胸には6本のあし、はねがある。

❸からだの表面がかたいからでおおわれていて、あしに節がある。

カブトムシの育ち方

❶卵→幼虫→さなぎ→成虫（完全変態）。

❷冬ごし…幼虫の姿で土の中で冬をこす（くさった木を食べる）。

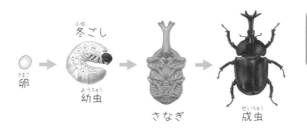

冬ごし

卵 → 幼虫 → さなぎ → 成虫

昆虫の口には「なめる口」「かむ口」「すう口」「さしてすう口」などがあるよ！

カブトムシのような前ばねがかたい昆虫を「甲虫類」という（テントウムシ、カナブン、ホタル、クワガタなど）。

# チョウの羽に
# 粉がついているのはなぜ？

ヒント　雨の日に大活躍!?

## 答え

問 チョウの羽に粉がついているのはなぜ？

# 雨の日などに

# 粉が水をはじいて、羽が重たくなるのを防いでくれるから。

## 解説

チョウやガの羽の表面には「りんぷん」と呼ばれる粉がついています。りんぷんの形や色はチョウやガの種類によってちがいますが、**どれも水をはじくはたらきをします。**

ちなみに、りんぷんが多くとれてしまうと、うまく飛べなくなります。

[ モンシロチョウのりんぷん ]

- - - - - - - - - - - - - - - - - - - - - - - - - - - - - - - - - - - - - - - -

### モンシロチョウの育ち方

❶ **卵**…うすい黄色で、大きさ約1mm。

❷ **幼虫**…はじめは自分の卵のからを食べて、その後、キャベツの葉を食べる。幼虫のうちに4回の脱皮をおこない、5回目の脱皮でさなぎになる。

❸ **さなぎ**…冬ごしをして、成虫のからだづくりをおこなう（チョウの仲間は完全変態）。

❹ **成虫**…花のみつを吸い、メスはキャベツの葉の裏に卵を産みつける。

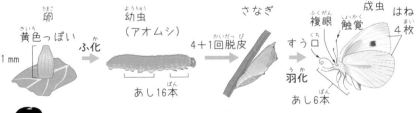

卵　黄色っぽい
1mm
ふ化
幼虫（アオムシ）
あし16本
4+1回脱皮
さなぎ
羽化
成虫
複眼　触覚　はね 4枚
すう口
あし6本

モンシロチョウの幼虫を「アオムシ」といい、幼虫のあしは歩くあしが6本、吸いつくあしが10本あるよ。

ドクガといわれるガのなかまのりんぷんには毒の毛が混じっている。さわると皮ふがはげしくはれ、痛みも生じる。（危険です！）

# ホタテに大きな貝柱がついているのはなぜ？

ヒント　ホタテは二枚貝のなかまなので……。

ホタテに大きな貝柱がついているのはなぜ?

# 貝柱の筋肉が、貝がらを閉じる役割をしているから。

### 解説

ホタテなどの二枚貝のなかまは貝柱を持ち、**その筋肉で貝がらを閉じる**ことができます。
ホタテは他の二枚貝に比べて**貝柱が大きく、貝がらを閉じる力が強い**ため、勢いよく閉じることで中の水を噴射して、泳ぐこともできちゃいます。

・・・・・・・・・・・・・・・・・・・・・・・・・・・・・・・・・・・・・・・・・・

無せきつい動物…背骨がない動物。

❶ **節足動物**…からだがかたいから(外骨格)でおおわれていて、あしに節がある無せきつい動物。

　　例 昆虫のなかま、クモのなかま、ムカデのなかま、エビのなかま

❷ **その他の無せきつい動物**

　　例 二枚貝、カタツムリ、ナメクジ、タコ、イカなどの**軟体動物**、ウニ、ヒトデなどの**きょく皮動物**、ミミズ、ヒルなどの**環形動物**

[ **軟体動物** ]　　　　　[ **きょく皮動物** ]　　　　[ **環形動物** ]

ホタテ　　　　　　　　　　　　ヒトデ　　　　　　　　ミミズ

カタツムリ

貝柱

イカ　　二枚貝　　　　　　ウニ　　　　　ヒル

ホタテは特定の植物性プランクトンなどを食べています。

ホタテは「えら」の細い毛でえさをからめて取りこんでおり、同時に「えら」で呼吸もしている。

# カマキリの幼虫と成虫の姿が似ているのはなぜ？

ヒント　カブトムシやチョウにはあるけど、カマキリにはないもの。

答え

問
カマキリの幼虫と成虫の姿が似ているのはなぜ？

# カマキリはさなぎにならず、幼虫から成虫になるから。

### 解説

カブトムシやチョウのなかまは、さなぎの時期にからだのつくりを大きく変化させますが、**カマキリやバッタのなかまはさなぎの時期がなく、幼虫から成虫になります**（「不完全変態」という）。そのため、幼虫と成虫の姿がよく似ているのです。

............................................................

完全変態…「卵→幼虫→さなぎ→成虫」の順に育つ。

例 カブトムシ、クワガタ、テントウムシ、ハチ、チョウ、アリ、カ、ガ、ハエ
など

不完全変態…「卵→幼虫→成虫」の順に育つ。

例 シロアリ、ゴキブリ、トンボ、セミ、バッタ、カマキリ、コオロギ、シラ
ミ、カメムシなど

[ カブトムシ（完全変態） ]

幼虫 　 さなぎ 　 成虫

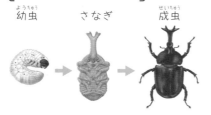

[ カマキリ（不完全変態） ]

成虫

幼虫

完全変態の昆虫は、幼虫と成虫で食べ物が大きく変化するものが多いけど、不完全変態の昆虫は、幼虫と成虫で食べ物が似ているものが多いよ。

テントウムシのように、完全変態の昆虫でも幼虫も成虫も同じものを食べるものもある（テントウムシはアブラムシを食べる）。

# クマが冬眠するのはなぜ？

ヒント　コウモリやカエルの冬眠とは少しちがう……？

## 答え

# 冬になるとえさが少なくなる
ので、じっとしているほうが
効率がよいから。

## 解説

コウモリやカエルは、冬になると体温が低下して動けなくなるため、冬眠します。クマはコウモリやカエルとちがい、**気温が低くなっても自分の体温を保つことができる動物（恒温動物）**で

[コウモリとカエルの冬眠]

コウモリの冬眠　カエルの冬眠

す。でも、えさが少なくなる冬にはエネルギーをあまり使わずにじっとしておくほうが効率がいいので、冬眠（冬ごもり）します。

せきつい動物…背骨のある動物。
❶せきつい動物のなかま…魚類、両生類、は虫類、鳥類、ほ乳類。
❷恒温動物…気温が変化しても自分の体温を保てる動物（鳥類、ほ乳類）。
　変温動物…気温が変化するとそれに応じて体温が変化する動物（魚類、両生類、は虫類など）。
❸冬眠する動物…冬になると体温が低下して動けなくなる動物。
　　　　　　　例 カエル、イモリなどの両生類、ヤモリ、トカゲ、ヘビなどのは虫類、コウモリ、リスなどの一部の小型のほ乳類

| | 魚類 | 両生類 | は虫類 | 鳥類 | ほ乳類 |
|---|---|---|---|---|---|
| 生活 | 水中 | 陸上 | | | |
| 呼吸 | えら | 肺 | | | |
| 産卵 | 水中 | 陸上 | | | |
| 体温 | 変温 | | | 恒温 | |
| 体表面 | うろこ | 粘まく・皮ふ | うろこ | 羽毛 | 体毛 |

コウモリ、リスはほ乳類ですが、気温が下がりすぎると自分の体温も下がってしまいます。

魚類は変温動物だが、水中は水温の変化が少ないので冬眠しなくてもよい。

# 犬のくちびるが黒いのはなぜ？

ヒント　犬とヒトの大きなちがいに注目！

## 答え

# 感情の表現を歯を使っておこなうときに、白い歯をより目立たせるため。

### 解説

犬は感情表現を白い歯を使っておこなうことがあり、**その白い歯をより目立たせるために、くちびるが黒い**ものが多いのです。犬の歯には犬歯、門歯、臼歯などがあり、それぞれの役割があります。

· · · · · · · · · · · · · · · · · · · · · · · · · · · · · · · · · · · · · · · · · · · · ·

**肉食動物と草食動物**…目のつき方や歯にちがいがある。

❶**肉食動物**…他の動物を食べる動物（ライオン、チーター、ヒョウなど）。
　**目のつき方**…前方に2つついている（えものまでの正確な距離をはかる）。
　**歯の特徴**…犬歯が大きく発達している（えものをしとめやすい）。

❷**草食動物**…植物を食べる動物（シマウマ、キリン、ウマ、シカなど）。
　**目のつき方**…横向きについている（広範囲を見ることができる）。
　**歯の特徴**…臼歯が大きく発達している（草をすりつぶす）。

[ **肉食動物** ] [ **草食動物** ]

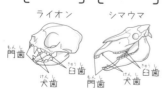

[ **肉食動物** ]

両目で見られる範囲

[ **草食動物** ]

両目で見られる範囲

草は消化に時間がかかるので、草食動物の腸は長いんだよ。

　犬の嗅覚はヒトの100万〜1億倍も優れているといわれている。

## 生物
## 問題 15

# カニのあしは 10 本だけど「タラバガニ」のあしは 8 本。さてどうして？

ヒント 「タラバガニ」はカニのなかま……？

# 答え

問

カニのあしは 10 本だけど「タラバガニ」のあしは 8 本。さてどうして？

# タラバガニはカニのなかまではなく、
# ヤドカリのなかまだから。

## 解説

タラバガニはカニのなかまではなく、ヤドカリのなかまです。ヤドカリは、からだの中に 2 本のあしがかくれていて、見えるあしは 8 本です。**タラバガニも同じように、2 本のあしが退化して、こうらの中におさまっている状態**なのです。

・・・・・・・・・・・・・・・・・・・・・・・・・・・・・・・・・・・・・・・・・・・・・・・・

節足動物…無せきつい動物に分類される。
 ❶**体の特徴**…あしに節がある。からだの表面がかたい「から」でおおわれている。
 ❷**節足動物のなかま**
  **昆虫類**…カブトムシ、チョウ、カマキリ、バッタなど。
  **クモ類**…クモ、ダニ、サソリなど。
  **多足類**…ムカデ、ヤスデなど。
  **こうかく類**…エビ、カニ、ダンゴムシ、ミジンコ、ヤドカリなど。

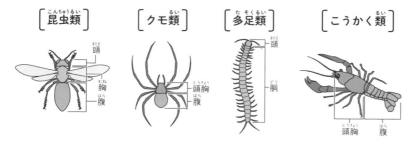

［昆虫類］ 頭 胸 腹
［クモ類］ 頭胸 腹
［多足類］ 頭 胴
［こうかく類］ 頭胸 腹

昆虫類や多足類は「気管」で呼吸します。

ダンゴムシはあしが14本ある（ふつうのこうかく類は10本）。

# ごはんを食べたあとに逆立ちしても、逆流しないのはなぜ？

ヒント　食べたものの通り道は、何でできているかな？

footer

**答え**

**問** ごはんを食べたあとに逆立ちしても、逆流しないのはなぜ？

# 食道は筋肉でできていて、
## しっかりと閉じられているから。

**解説**

食べ物は食道に入ると、**食道の筋肉によって胃に運ばれていきます。**食道の筋肉や胃と食道の境界の筋肉は、ふつう閉じられている状態なので、食べ物が逆流することはありません。

※（ ）はつくる消化液

食道
肝臓（胆汁）
たんのう
十二指腸
小腸（腸液）
口（だ液）
胃（胃液）
すい臓（すい液）
大腸
こう門

・・・・・・・・・・・・・・・・・・・・・・・・・・・・・・・・・・・・・

消化…食べ物の中の栄養を吸収されやすい形にすること。

❶ 消化器官…口、食道、胃、十二指腸、小腸、大腸、肝臓、すい臓、たんのう、こう門。

❷ 消化管…食べ物の通り道。口→食道→胃→十二指腸→小腸→大腸→こう門。

❸ 三大栄養素…でんぷん、タンパク質、しぼうは三大栄養素といわれる。
でんぷん…ブドウ糖に変化して小腸で吸収される。
タンパク質…アミノ酸に変化して小腸で吸収される。
しぼう…しぼう酸とモノグリセリドに変化して小腸で吸収される。

[ 三大栄養素の消化 ]

　　　　だ液　　　すい液・腸液
でんぷん → 麦芽糖 → ブドウ糖 ┐
　　　　　　　　　　　　　　　├ 小腸の毛細血管
　　　　胃液　　　すい液・腸液
タンパク質 → ペプトン → アミノ酸 ┘

　　　すい液
しぼう → しぼう酸＋モノグリセリド → 小腸のリンパ管

※たんじゅう（しぼうを血液になじませる）

栄養分を吸収する小腸の長さは、約6mもあり、内側を広げるとテニスコート1面分もの大きさになる！

　すい臓でつくられる「すい液」は三大栄養素すべてにはたらく。

問題 17

# ヒトの肺と鳥の肺のちがいは何？

**ヒント** 肺のはたらきを助けるものがちがうよ。

# 答え

## 肺のはたらきを助けるものが、

## ヒトは「横かくまく」なのに対して、
## 鳥は「気のう」である。

### 解説

肺は酸素と二酸化炭素のガス交換をしています。そのはたらきを助けるのが、ヒトの場合は「横かくまく」の上下運動ですが、**鳥の場合は「気のう」の収縮運動です。**気のうは「前気のう」と「後気のう」に分かれていて、ムダなく酸素を全身に送りとどけることができます。

吸う　古い空気　はく
前気のう
後気のう
新しい空気

呼吸…酸素とでんぷんから生きていくためのエネルギーを生み出している。
❶**ヒトの呼吸器官**…口、鼻、気管、気管支、肺ほう、横かくまく。
❷**肺ほう**…直径 0.1mm ほどの小さなふくろ。これが数億個集まったものが、肺の中にある。
❸**横かくまく**…下がると肺に空気が入り、上がると肺から空気が出ていく。

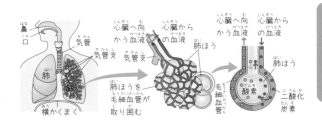

鼻
口
気管
気管支　気管支
心臓へ向かう血液　心臓からの血液
肺ほう
心臓へ向かう血液　心臓からの血液
肺ほう
肺ほうを毛細血管が取り囲む
毛細血管　酸素　二酸化炭素
肺
横かくまく

吸う息にふくまれている酸素は約21％なのに対して、はく息にふくまれている酸素は約16％。約5％の酸素が呼吸に使われているんだね。

　気のうのはたらき（酸素の吸収効率がよい）によって、鳥は空気のうすい上空でも生きていくことができる。

# チョコレートを食べすぎると鼻血が出るのはなぜ？

ヒント　チョコレートにはどんな物質がふくまれている？

答え

問 チョコレートを食べすぎると鼻血が出るのはなぜ？

# チョコレートに血行をよくする物質がふくまれているから。

## 解説

チョコレートの中には、**ポリフェノールという血液の流れをよくする物質**がふくまれています。さらに、カフェインによる興奮作用によって、鼻の毛細血管が切れることで、鼻血が出るといわれています。

[ヒトの鼻の内側]

毛細血管
鼻
鼻血による出血が起きやすいところ

---

**血液のはたらき**…体の各部に酸素や栄養分を送り、不要物を受け取る。

❶ **血液の成分**…固体→**赤血球、白血球、血小板**
液体→**血しょう。**

❷ **赤血球のはたらき**…酸素を全身に運ぶ。**ヘモグロビン**という色素をふくむ。

❸ **毛細血管**…全身に細かく枝分かれしていく、細い血管のこと。

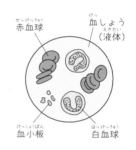

赤血球
血しょう（液体）
血小板
白血球

けがをしたあとに「かさぶた」ができるのは、血小板のはたらきによるものなんだ。

| | |
|---|---|
| 赤血球（固体） | 酸素を運ぶ |
| 白血球（固体） | 体内の菌などを食べる |
| 血小板（固体） | 血液を固める |
| 血しょう（液体） | 栄養や不要物を運ぶ |

---

毛細血管は全身の血管の約95％をしめ、すべてつなぐと地球2周半ほどの長さになるといわれている。

# ご飯をたくさん食べると
# ねむくなるのはなぜ？

ヒント ご飯を食べると、血液がどうなる？

## 答え

**問** ご飯をたくさん食べるとねむくなるのはなぜ？

# 血液中の糖分の濃度が急に上がって、それをおさえる物質が体内で出されるから。

## 解説

米など、でんぷんを多くふくむ食べ物を大量に食べると、血液中の糖分の濃度が急上昇します。そのときに**すい臓から「インスリン」と呼ばれる物質が出され、そのはたらきで糖の濃度が下がりすぎてしまいます。**すると、ねむ気や気だるい感覚が生まれるのです。

でんぷんの消化…でんぷんは最終的にブドウ糖に変化して、小腸で吸収される。

❶**柔毛**…小腸の内側の細かいひだで、表面積を大きくして吸収効率を上げている。
**毛細血管**…アミノ酸、ブドウ糖が吸収される。
**リンパ管**…しぼう酸、モノグリセリドが吸収される。

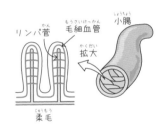

❷**肝臓のはたらき**…小腸で吸収されたブドウ糖の一部をたくわえることで、血糖値を保たせようとする。
また、たんじゅうをつくったり、古い赤血球を破壊したり、血液をたくわえたり、アンモニアを尿素に変えたりする。

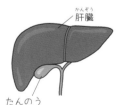

肝臓はたくさんの役割をもっているよ。

肝臓でブドウ糖を「グリコーゲン」と呼ばれる物質に変えて一時的にたくわえる。

# 左胸に手を当てたほうが、心臓の動きが大きいのはなぜ？

ヒント　心臓の左側と右側で、何がちがう？

## 答え

**問** 左 胸に手を当てたほうが、心臓の動きが大きいのはなぜ？

# 心臓の左心室の筋肉のかべは とても厚く、動くときに強い力が 生み出されるから。

### 解説

心臓は筋肉でできていて、4つの部屋に分かれています。その中でも左下の左心室の筋肉のかべが最も厚く、心臓が動くときに最も大きな力を出します。そのため、左胸に手を当てたときに、心臓の動きを最も感じやすくなるのです。

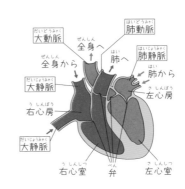

心臓のはたらき…全身に血液を送るポンプのはたらきをする。
❶心臓の部屋…右心房、左心房、右心室、左心室の4つの部屋がある。
❷心臓から出ている血管…肺静脈、大動脈、大静脈、肺動脈の4つ。
動脈…心臓から出ていく血液が流れる血管。
静脈…心臓に入ってくる血液が流れる血管。

[血液の循環]

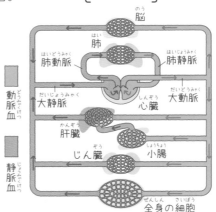

左心室の筋肉のかべが厚いのは、大動脈につながっており、全身に血液を流すのに大きな力が必要だから！

小腸と肝臓をつなぐ血管（肝門脈）を流れる血液は、食後に栄養が多くふくまれる。

# 「ねんざ」と「だっきゅう」の ちがいは何？

ヒント 骨がどうなる？

## 答え

**問**

(親和中学校など)

「ねんざ」と「だっきゅう」のちがいは何？

# 骨の位置が正常なら「ねんざ」、骨がずれてしまったら「だっきゅう」という。

## 解説

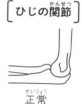

[ ひじの関節 ]

正常　　　だっきゅう

関節が通常動く方向と逆方向に外から強い力が加わったときに、関節をとりまく「じん帯」を傷つけることがあります。

このとき、**関節の骨の位置が正常**であるならば「ねんざ」、骨の位置がずれてじん帯をつきやぶった状態を「だっきゅう」というのです。

・・・・・・・・・・・・・・・・・・・・・・・・・・・・・・・・・・・・・・・・・・・・・・・・・・・・・・・・・

骨…全身に約200本あり、主成分はカルシウム。
骨のはたらき…からだを支える、からだを動かす、からだの内部を守る。
骨のつながり方
❶ **なん骨接合**…背骨、ろっ骨など（いろいろな向きに少し動かせる）。
❷ **関節**…手や足の骨など（決まった向きに大きく動かせる）。
❸ **ほう合接合**…頭骨など（しっかりとかみ合って動かせない）。

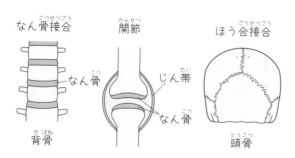

なん骨接合　　　　　関節　　　　　　ほう合接合

なん骨

じん帯

なん骨

背骨　　　　　　　　　　　　　　頭骨

ひじの骨はひじより下に2本の骨があるので、ねじりやすくなっているんだ。

54　　ヒトの骨で最も長い骨は太ももの「大たい骨」。最も小さい骨は耳の中にある「耳小骨」。

生物

問題 22

# 寒いときに「とりはだ」が たつのはなぜ？

ヒント 「とりはだ」がたつことによって、どうなる？

答え

問
寒いときに「とりはだ」がたつのはなぜ？

# 毛を逆立てることによって、
# 冷えから身を守ろうとするため。

## 解説

寒さを感じると、**交感神経**とよばれる神経のはたらきによって、**毛穴のそばにある「立毛筋」という筋肉がちぢみ**ます。それによって毛がぴんと立ち、毛穴がもり上がって「とりはだがたった」状態になります。

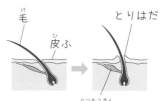

毛　とりはだ
皮ふ
立毛筋がちぢむ

感覚器官…光や音などの刺激を受け取るところ。**目、耳、鼻、皮ふ、舌。**
目のはたらき…光を感じ取る。
　❶こうさい…光の量を調節する。
　❷もうまく…光の情報を電気信号に変換する。
耳のはたらき…音を感じ取る。
音が伝達される順…**こまく→耳小骨→うずまき管→聴神経→脳。**

[目のつくり]

こうさい
ガラス体
ひとみ
もうまく
水晶体（レンズ）
角膜
視神経

ひとみ
こうさい
暗いところ

ひとみ
こうさい
明るいところ

[耳のつくり]

外耳　中耳　内耳
三半規管
大脳へ
聴神経
うずまき管
こまく　耳小骨　前庭

耳には回転を感じ取る「三半規管」や、かたむきを感じる「前庭」などもあります。

56　皮ふにある「かんせん」からあせが出ることで、体温が調節される。

# 1日が24時間なのはなぜ？

ヒント 私たちは太陽の存在のもとで生きている！

## 答え

### 問
1日が24時間なのはなぜ？

# 太陽が南中してから
# 次に南中するまでの時間を
# 24時間と決めているから。

## 解説

1日の太陽の見かけの動き
（北半球）

北半球で太陽を観察したとき、太陽は「東→南→西」へと動いていくように見え、**太陽が真南にきたときが1日の中で最も高い位置**にきます。これを**太陽の南中**といいます。
太陽が南中してから次に南中するまでの時間は決まっていて、**この時間を24時間と決めている**のです。

東　南　西
日の出　日の入り

· · · · · · · · · · · · · · · · · · · · · · · · · · · · · · · · · · · · · ·

**地球の自転**…**北極点上から見て反時計回りに1日で約360度回**っている。

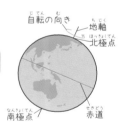

> 太陽が東から西に動くように見えるのは、これが原因！

自転の向き
地軸
北極点
南極点
赤道

**太陽の1日の動き**
…北半球で観察すると、地球の自転が原因で、1日で「東→南→西」へ動くように見える。

**太陽の南中と南中時刻**
…太陽が真南にきたときを南中といい、その時刻が**南中時刻**。

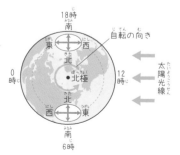

18時
南
東　西
北
0時　●北極　12時
北
西　東
南
6時

自転の向き
太陽光線

> 兵庫県明石市を通る東経135°上で太陽の南中時刻を12:00として、135°より東ほど南中時刻ははやくなり、西ほどおそくなる！1°で4分ずれるよ。

南半球で太陽を観察すると、「東→北→西」へと動いていくように見える。

宇宙から見た地球が青く見えるのはなぜ？

# 地球をおおう海があるほか、大気中を太陽光から放たれる青色の光が散乱しているから。

## 解説

地球の表面の約70％は、海でおおわれています。さらに地球上には大気があり、太陽光から放たれる青色の光はこの中で散乱して、全体に広がっていきます。宇宙から見た地球が青く見えるのは、地球をおおっている海や、大気中を散乱する青色の光がおもな原因です。

[オゾン層]

オゾン層（青色）
成層圏
紫外線を吸収
大気中で青色の光が散乱

> オゾン層は「成層圏」とよばれる大気の領域にあるよ。

## 地球の海

❶ 海の表面積
…約3億6000万km²で、地球の表面積の約70％をしめる。

❷ 7つの海
…北太平洋、南太平洋、北大西洋、南大西洋、インド洋、北極海、南極海。

北極海
北太平洋
北大西洋
赤道
インド洋
南太平洋
南大西洋
南極海

## オゾン層

❶ オゾン層の高度…地表面から高度約10数km〜50kmまでの上空。

❷ オゾン層の性質…色は青く刺激臭がして、有害。太陽光の紫外線を吸収するはたらきがある。

火星が赤く見えるのは、火星の表面にある鉄の赤さびの色が見えるから。

# 宇宙が暗いのはなぜ？

**ヒント** 宇宙空間と地球の地表面付近の様子のちがいは？

# 答え

**問** 宇宙が暗いのはなぜ？

# 宇宙はほぼ真空で、光を反射する物質がほとんどないから。

## 解説

地球上で青空が見えるのは、太陽光が地球の大気中の小さな粒子を反射して、その光が目に届くからです。

宇宙が真っ暗なのは宇宙空間がほぼ真空の状態で、光を反射させるものがなく、**光が宇宙空間を通過してしまう**からなのです。

**[ 宇宙空間の様子 ]**

光を反射するものがないので周囲は暗い

光はほぼ通過

---

宇宙の様子

❶**大気**…ほとんどなく、**ほぼ真空**の状態（ごくわずかに水素やヘリウムがある）。

❷**気温**…**約マイナス270℃**といわれている。

宇宙の始まり…約138億年前に「ビッグバン」と呼ばれる大爆発で誕生。地球をふくむ太陽系が誕生したのは今から**約46億年前**。

**[ 宇宙の誕生 ]**

約138億年前
ビッグバン

約46億年前
太陽系の誕生

水星　地球　木星　天王星

太陽　金星　火星　土星　海王星

太陽系には太陽、地球をふくむ惑星、月をふくむ衛星などがふくまれるよ。

---

ビッグバン後に宇宙初の巨大な星ができて、その星が大爆発したと考えられている（超新星爆発）。

# 月面に空気がないのはなぜ？

ヒント 月面で体重計に乗ると……？

## 答え（こたえ）

### 問（とい）
月面（げつめん）に空気（くうき）がないのはなぜ？

# 月（つき）の重力（じゅうりょく）は
# 地球（ちきゅう）の約6分の1程度（ていど）
## しかないから。

### 解説（かいせつ）

地球上（ちきゅうじょう）に空気（くうき）があるのは、空気（くうき）が地（ち）球（きゅう）の重力（じゅうりょく）によって引（ひ）きつけられているからです。

しかし、**月（つき）の重力（じゅうりょく）は地球（ちきゅう）の約6分の1程度（ていど）しかなく、空気（くうき）を引（ひ）きつける力（ちから）がないため、月面（げつめん）には空気（くうき）がない**のです。

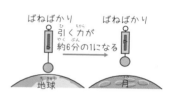

ばねばかり　ばねばかり
引（ひ）く力（ちから）が約6分の1になる
地球（ちきゅう）　月（つき）

· · · · · · · · · · · · · · · · · · · · · · · · · · · · · · · · · ·

月（つき）…地球（ちきゅう）のまわりをまわる（公転（こうてん）する）衛星（えいせい）。

❶ **地球（ちきゅう）とのきょり**…約38万（まん）km。

❷ **直径（ちょっけい）**…地球（ちきゅう）の約4分の1。

❸ **重力（じゅうりょく）**…地球（ちきゅう）の約6分の1。

❹ **クレーター**…いん石（せき）がぶつかってできたくぼみ。

❺ **月（つき）の海（うみ）**…月面（げつめん）の黒（くろ）っぽい岩石（がんせき）でできたうす暗（くら）い部分（ぶぶん）のこと（白（しろ）っぽい岩石（がんせき）でできた部分（ぶぶん）は「陸（りく）」という）。

❻ **空気（くうき）や水（みず）は存在（そんざい）しない。**

直（な）径（ちきゅう）地球（ちきゅう）
月（つき）
④　①
約38万（まん）km

月（つき）の表面（ひょうめん）に水（みず）がないのは、水（みず）をおしつける空気（くうき）が存在（そんざい）しないから！

海（うみ）　陸（りく）
直径（ちょっけい）約3475km
クレーター

月（つき）の表面（ひょうめん）の温度（おんど）は太陽（たいよう）の光（ひかり）の当（あ）たり方（かた）によって280℃くらいの差（さ）ができる。

# 歩いても歩いても、太陽や月がついてくるのはなぜ？

ヒント 電車から見ると、近くの電柱などはどんどん通りすぎていくけれど……？

# 太陽や月はとても遠いところにあるため、少し移動しても見える方角はほとんど変わらないから。

## 解説

太陽や月は地球からとても遠いところにあります。たとえば100m移動したとき、近くにあるものは見える方向が大きく変化しますが、**太陽や月は遠すぎるので、見える方角はほとんど変化しません。** これが太陽や月がついてくるように見える錯覚の理由なのです。

太陽や月の地球とのきょり
① 地球と太陽のきょり…約1億5000万km。
② 地球と月のきょり…約38万km。

太陽…自力でかがやく恒星。
① 色…黄色。
② 表面温度…約6000℃。
③ 黒点…まわりより表面温度の低い部分。
④ 直径…約140万km（地球の約109倍の大きさ）。

太陽の黒点が動くのが観察できることから、太陽は自転しているとわかるんだ。

**太陽や月がついてくるように見える理由**

近くにあるものは光の入る方向が大きく変わる

太陽は同じ方角から光が入る

移動

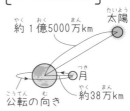

**地球と太陽、月**

太陽
約1億5000万km
月
公転の向き
約38万km

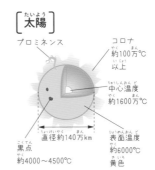

**太陽**

プロミネンス
コロナ 約100万℃以上
中心温度 約1600万℃
直径約140万km
黒点 約4000〜4500℃
表面温度 約6000℃
黄色

太陽の主成分は水素やヘリウムである。

# 月食（げっしょく）が起（お）こる日（ひ）は必（かなら）ず「満月（まんげつ）の日（ひ）」なのはなぜ？

ヒント　月食（げっしょく）は月（つき）が何（なに）にかくされる？

# 答え

## 問
月食が起こる日は必ず「満月の日」なのはなぜ？

# 月食は太陽、地球、月がこの順に
# 一直線になったときに起こるから。

## 解説

月食は、月が地球のかげに入った
ときに起こる現象です。太陽、地
球、月がこの順にちょうど一直線
になったときに起こります。つまり、

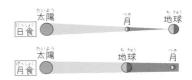

太陽の光を受けている面がすべて地球に向いている満月の日に、
月食は起こる可能性があります。本来は満月が見えるはずなのが、
月食の日は、地球のかげにかくれてしまうというわけです。

日食…「太陽、月、地球」の順に一直線になったときに起こる（新月の日）。
月食…「太陽、地球、月」の順に一直線になったときに起こる（満月の日）。

## 月の満ち欠け

**❶満ち欠けが起こる理由**
…月が地球を公転しているため太陽光を受けている部分の見え方が変わるから。

**❷月の満ち欠けの周期**
…新月から新月まで約29.5日（地球
のまわりを公転する周期は27.3日）。

月の南中時刻は1日で
約50分おそくなります。

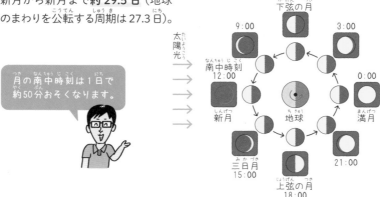

月も太陽と同じく、北半球から観察すると「東→南→西」に動くように見える。

# 太陽は昼に見えるのに、星座をつくっている星は夜にしか見えないのはなぜ？

ヒント　光っている電球を遠ざけていくと……？

答え 問

太陽は昼に見えるのに、星座をつくっている星は夜にしか見えないのはなぜ？

# 星座をつくっている星は、太陽よりもずっと地球から遠いところにあるから。

## 解説

太陽も星座をつくる星も、自力でかがやく**恒星**です。
地球と太陽のきょりは約1億5000万kmですが、星座をつくる星は、それよりもはるかに遠いところにあります。そのため、**地球に届く光の量が少なく、暗い夜にしか見えない**のです。

· · · · · · · · · · · · · · · · · · · · · · · · · · · · · · · · · · · · · · · · · · · · · · · · · · · ·

星座をつくる星…自力でかがやいており、**恒星**という（明るさによって1等星、2等星……などに分かれる）。

❶ **1等星の例**…オリオン座の**リゲル**（青白）、**ベテルギウス**（赤色）、さそり座の**アンタレス**（赤）、こと座の**ベガ**（白）、わし座の**アルタイル**（白）、はくちょう座の**デネブ**（白）など。

　　　　　※ベガ、アルタイル、デネブは夏の大三角。

❷ **星の色**…表面温度の高いものから、青白＞白＞黄＞だいだい＞赤。

❸ **1日の動き**…**東→西**に動いて見える。

❹ **地球とのきょりの単位**…単位は「光年」（1光年は光が1年かけて進むきょり）。

1光年は約9兆5000億km！

［ **1等星の例** ］

オリオン座（冬）　　　さそり座（夏）　　　［ **星の1日の動き** ］

ベテルギウス
（赤）

リゲル
（青白）

アンタレス
（赤）

東　　　南　　　西

星の南中時刻は1日で約4分ずつ早くなる。

# 自分の誕生日の12星座が、誕生日の日に見ることができないのはなぜ？

ヒント 誕生日の日には、その星座はどの方向にある？

# 答え

**問** 自分の誕生日の12星座が、誕生日の日に見ることができないのはなぜ？

## 12星座は、誕生日の日には
## 太陽と同じ方向にあるから。

### 解説

地球は1年で太陽のまわりを1周しています（公転しています）。季節によって夜空に見える星座が変わるのは、このためです。

誕生日の12星座が自分の誕生日の日に見ることができないのは、その日、その星座は太陽と同じ方向にあるためなのです。

[ 黄道12星座 ]

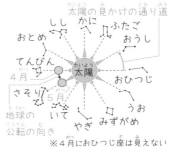

※4月におひつじ座は見えない

> 12星座上を通る太陽の見かけの通り道を「黄道」というよ。

**地球の公転**…地球は、太陽のまわりを1年で北極点上から見て反時計回りに約360度回る。

❶地球が公転するため、季節によって昼の長さが変化する（地軸のかたむきが原因）。

❷地球が公転するため、季節によって夜空に見える星座が変化する。

[ 地球の公転 ]

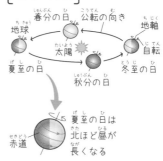

夏至の日は北ほど昼が長くなる

**黄道12星座**…1年の中で太陽と重なって見える代表的な12星座のこと。おひつじ座、おうし座、ふたご座、かに座、しし座、おとめ座、てんびん座、さそり座、いて座、やぎ座、みずがめ座、うお座。

誕生日の日の真夜中に見える星座は、太陽に対して誕生日の星座の反対側にある星座。

# 人間が金星に住めないのはなぜ？

ヒント　人間が生きていくために必要なものは何？

# 答え

# 金星の表面温度は 400℃を こえていて、大気もほぼ 二酸化炭素でできているから。

## 解説

金星は太陽に 2 番目に近い惑星です。地球とはちがって**表面温度が高く、400℃以上あります。**さらに、**大気中に呼吸に必要な酸素はなく、ほぼ二酸化炭素でできており、水もほとんどありません。**そのため、人間が金星で生きていくことはできないのです。

・・・・・・・・・・・・・・・・・・・・・・・・・・・・・・・・・・・・・・・・・・・・・・・・・・・・・・・

**太陽系の惑星**
…太陽のまわりを公転する星（水・金・地・火・木・土・天・海）。
❶**内惑星**…水星、金星。
❷**外惑星**…火星、木星、土星、天王星、海王星。

**金星の見え方**…地球から見た金星は大きく満ち欠けして見えて、大きさも変化する。
❶**よいの明星**…日没後に西の空に見える金星。
❷**明けの明星**…夜明け前に東の空に見える金星。

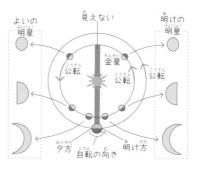

内惑星の水星や金星は、真夜中に観察することはできないよ。

📖 木星、土星、天王星、海王星はガスでできており「木星型惑星」とよばれる。

地学

問題 10

# 夏に気温が同じでも、湿度が高いほど暑く感じるのはなぜ？

ヒント ヒトの体温を調節するものは……？

# 答え

## 問
夏は気温が同じでも、湿度が高いほど暑く感じるのはなぜ？

# 湿度が高いほどあせが
# 蒸発しにくく、
# 体温を下げにくくなるから。

## 解説

空気のしめりぐあいを「湿度」といいます。1m³ の空気中にふくむことのできる水蒸気の最大の量はその気温によって決まっており、**湿度が高い空気中では水が蒸発しにくくなります。**

したがって、暑くてあせをかいても湿度が高ければあせが蒸発しにくくなり、体温を下げにくくなるのです。

・・・・・・・・・・・・・・・・・・・・・・・・・・・・・・・・・・・・・・・・・・・・・

湿度…空気のしめりぐあいを表すもので、単位は［％］。
❶湿度の測定…乾湿計でおこなう。
❷湿度の高いとき…水が蒸発しにくい。

1日の湿度の変化
❶晴れの日…気温が高くなると湿度は低くなる。
❷雨の日…湿度の変化は少ない。

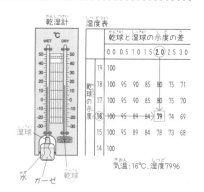

乾湿計　湿度表

| | | 乾球と湿球の示度の差 | | | | | | | |
|---|---|---|---|---|---|---|---|---|---|
| | | 0.0 | 0.5 | 1.0 | 1.5 | 2.0 | 2.5 | 3.0 | |
| 乾球の示度 | 19 | 100 | | | | | | | |
| | 18 | 100 | 95 | 90 | 85 | 80 | 75 | 71 | |
| | 17 | 100 | 95 | 90 | 85 | 80 | 75 | 70 | |
| | 16 | 100 | 95 | 90 | 84 | 79 | 74 | 69 | |
| | 15 | 100 | 95 | 89 | 84 | 78 | 73 | 68 | |
| | 14 | 100 | | | | | | | |

気温：16℃、湿度79％

[ 1日の気温と湿度の変化 ]

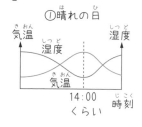

①晴れの日

気温　湿度
湿度
気温
14:00
くらい
時刻

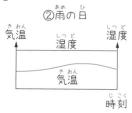

②雨の日

気温　湿度
湿度
気温
時刻

晴れの日は空気中の水蒸気の量にほとんど変化がありません。

空気1m³ 中にふくむことのできる水蒸気の最大量を「飽和水蒸気量」という。

地学

問題 11

# 低気圧におおわれると、雨が降りやすくなるのはなぜ？

ヒント 低気圧があると、空気の流れはどうなる？

## 答え 問

低気圧におおわれると、雨が降りやすくなるのはなぜ？

# 上昇気流が発生していて、
# 雲ができやすいから。

## 解説

**低気圧では空気が下から上向きに流れていて、これを上昇気流といいます。**
地表付近の空気中の水蒸気が上昇気流にのって高度を上げて、冷やされると水のつぶに変化して、その水のつぶの集まりが雲となります。だから低気圧では雲が発生しやすく、雨が降りやすいのです。

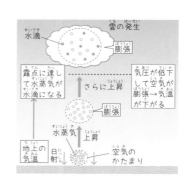

雲の発生

- 水滴
- 膨張
- 露点に達して水蒸気が水滴になる
- 気圧が低下して空気が膨張→気温が下がる
- さらに上昇
- 膨張
- 水蒸気 上昇
- 地上の気温
- 日射
- 空気のかたまり

............................................................

雲の発生…空気中の水蒸気が上昇気流によっておし上げられてできる。
露点…空気中の水蒸気が水滴になりはじめる温度。

[ 雲のできやすいところ ]

低気圧　　山を空気がのぼるところ　　太陽の熱で暖まりやすいところ

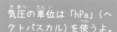

気圧の単位は「hPa」（ヘクトパスカル）を使うよ。

低気圧…**上昇気流**がおこり、地表近くでは中心に反時計まわりに風がふきこんでいる。
高気圧…**下降気流**がおこり、地表近くでは中心から時計まわりに風がふき出している。

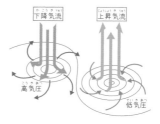

下降気流　上昇気流
高気圧
低気圧

　地球上の平均的な気圧を1気圧といい、1気圧＝約1013hPa。

# ゲリラ豪雨が都心部で
# よく発生するのはなぜ？

ヒント　雲ができるところはどこかな？

**問** とい

ゲリラ豪雨が都心部でよく発生するのはなぜ？

# 地表面や自動車などから
# 空気にあたえる熱が多くなるから。

## 解説 かいせつ

都心部には緑が少なく、アスファルトやコンクリートの面積が広いため、地面が太陽光の熱を吸収しやすくなっています。また、自動車などから排出される熱の量も多く、地面や自動車などから空気にあたえられる熱が多くなります。そうして**暖められた空気が上昇して、縦に発達する「積乱雲」となります。**この雲がせまい地域に激しい雨を降らすのです。

**［ ヒートアイランド現象とゲリラ豪雨 ］**

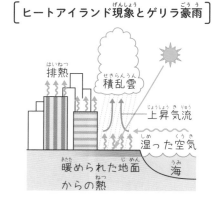

排熱
積乱雲
上昇気流
湿った空気
暖められた地面からの熱
海

### ゲリラ豪雨の特徴
❶**冷たい風がふく。**
❷**かみなりが鳴り続ける。**
❸**急に空が暗くなり激しい雨が降る。**

**ヒートアイランド現象**…都市の気温が周囲よりも高くなる現象のこと。

### 雨を降らす雲
❶**積乱雲（入道雲、かみなり雲）**…縦に発達してせまい地域に激しい雨を降らせる。
❷**乱層雲（雨雲）**…厚さはうすく横に発達して広い地域にしとしと雨を降らせる。

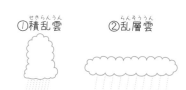

①積乱雲　　②乱層雲

せまい範囲に激しい雨を降らせる。　　広い範囲にしとしと雨を降らせる。

　📖 積乱雲の上のほうには、氷のつぶが集まっていることもある。

# 天気予報で聞く「真夏日」と「猛暑日」のちがいは何？

ヒント　1日の中で最も気温が高いときに注目！

※北極の平均気温はマイナス20℃くらい。

# 答え

問
天気予報で聞く「真夏日」と「猛暑日」のちがいは何？

# 1日の最高気温が

# 30℃以上の日が真夏日で、
# 35℃以上の日が猛暑日。

## 解説

夏は1日の最高気温によって「夏日」「真夏日」「猛暑日」という言い方があります。一方で冬は、1日の最高気温や最低気温によって「冬日」「真冬日」という言い方があります。

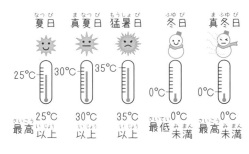

| 夏日 | 真夏日 | 猛暑日 | 冬日 | 真冬日 |
| 25℃ | 30℃ | 35℃ | 0℃ | 0℃ |
| 最高 25℃ 以上 | 最高 30℃ 以上 | 最高 35℃ 以上 | 最低 0℃ 未満 | 最高 0℃ 未満 |

同じ月の真夏日や猛暑日の日数が、年によってどうちがうかを調べることで、気候の変化を知ることができます。

・・・・・・・・・・・・・・・・・・・・・・・・・・・・

夏日…1日の最高気温が25℃以上の日。
真夏日…1日の最高気温が30℃以上の日。
猛暑日…1日の最高気温が35℃以上の日。
冬日…1日の最低気温が0℃未満の日。
真冬日…1日の最高気温が0℃未満の日。

### 1日の最高気温と最低気温の時刻

…晴れの日は1日の最高気温になるのは14時くらいで、最低気温になるのは日の出直前。

[気温、地温、太陽高度の関係]

太陽
高度

気温・地温

太陽高度

気温

地温

12:00 14:00
13:00

日の出          日の入り

※太陽光によってまず地面が温まり、地面が空気を温める。

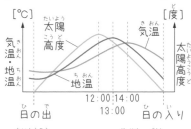

太陽高度が最高になる時刻が12時くらいだとすると、そこから約2時間おくれて気温が最高になる！

82　　1日の最低気温が25℃以上の日を「熱帯夜」という。

地学

問題 14

# 天気予報でよく聞く「前線」。前線のあるところに雲ができるのはなぜ？

ヒント 暖かい空気と冷たい空気、どちらが上になる？

## 答え

天気予報でよく聞く「前線」。前線のあるところに雲ができるのはなぜ？

# 暖かい空気は冷たい空気より軽いので、

# ぶつかったところで上昇気流ができるから。

## 解説

暖かい空気（暖気）と冷たい空気（寒気）がぶつかる境界のところに、前線ができます。暖かい空気は冷たい空気よりも軽いので、前線のところで暖気が寒気の上をはい上がっていき、上昇気流ができます。その結果、雲ができて天気が悪くなりやすいのです。

暖気のほうが寒気より軽いので上昇気流が発生する。

----

前線…暖気と寒気がぶつかった地表付近を前線という。

❶寒冷前線…暖気の勢いより寒気の勢いが強い前線。積乱雲ができやすい。

❷温暖前線…暖気の勢いのほうが寒気の勢いよりも強い前線。乱層雲ができやすい。

❸停滞前線…暖気の勢いと寒気の勢いが同じくらいで、ほぼ動かない前線。

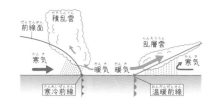

寒冷前線が通過すると気温が下がり、温暖前線が通過すると気温が上がるよ。

温帯低気圧…寒冷前線と温暖前線がある低気圧。西から東に移動する。

[温帯低気圧]

西から東へ移動

雨の降る領域

寒冷前線　温暖前線

梅雨の時期は停滞前線が発達するため、しばらくぐずついた天気が続く。

# 火山から出る火山灰が
# 東側に積もりやすいのはなぜ？

ヒント　日本の天気はどちらに移動する？

## 答え

### 問

火山から出る火山灰が東側に積もりやすいのはなぜ？

# 日本の上空では１年中、
# 西から東に「偏西風」が
# ふいているから。

### 解説

日本の上空には「偏西風」という弱い西の風が１年中ふいています。日本の天気が基本的に西から東に移動するのは、偏西風が原因です。

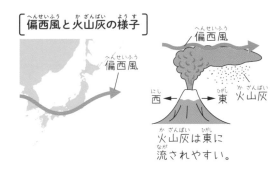

[偏西風と火山灰の様子]

偏西風

偏西風

偏西風

西 ← → 東

火山灰

火山灰は東に流されやすい。

火山が噴火したときに出される「火山灰」も、しばらく上空をただよい、偏西風によって西から東へ運ばれていきます。

・・・・・・・・・・・・・・・・・・・・・・・・・・・・・・・・・・・・・・・・・・・・・・・・・

偏西風…日本の上空をふく「西→東」の風。天気が西→東に移動するのはこれが原因。

風向と風力

❶風向…風がふいてくる方向。

　例 南東から北西へむかってふく風は、「南東の風」。

❷風力…０〜12の13段階。

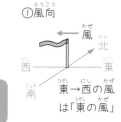

①風向

風

北

西　東

南

東→西の風は「東の風」

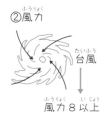

②風力

台風

風力８以上

夏や冬にふく「季節風」は、夏（南東の風）と冬（北西の風）で風向が逆になります。

「夕焼けがきれいに見えると次の日は晴れ」というのは、「西の天気がいいので次の日は天気がよくなる」ということ。

問題 16

# 空全体の 70％が雲でおおわれていても、天気予報は「晴れ」なのはなぜ？

ヒント 「晴れ」や「くもり」を決める基準って？

## 答え

空全体の 70％が雲でおおわれていても、天気予報は「晴れ」なのはなぜ？

# 雲量が 2 〜 8 だと「晴れ」で、9 〜 10 だと「くもり」だから。

## 解説

観測地点において、見わたすことのできる空全体の面積を 10 としたときに、雲のしめる割合を雲量といいます。雲量 0 〜 1 の場合は「快晴」、2 〜 8 の場合は「晴れ」、9 〜 10 の場合を「くもり」と決めています。

そのため、空全体の 70％が雲でおおわれていても、雲量は 7 で晴れとなるのです。

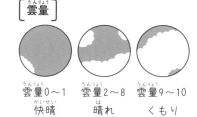

[雲量]

| 雲量 0 〜 1 | 雲量 2 〜 8 | 雲量 9 〜 10 |
| 快晴 | 晴れ | くもり |

雲量…空全体の面積を 10 としたときの雲の割合。
天気図記号…天気を記号にして表したもの。
❶快晴、晴れ、くもり、雨、雪、きりなど…それぞれを表す記号がある。
❷風向…矢のとんでくる方向で表す。
❸風力…はねの本数で表す。

[天気図記号]

快晴　晴れ　くもり　雨　雪　きり　雷

[天気の表し方]

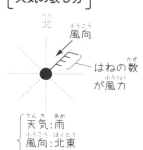

北
風向
はねの数
が風力

天気：雨
風向：北東
風力：4

天気図には同じ気圧の地点を曲線で結んだ「等圧線」もあるよ。

直径5mm 未満の氷のつぶを「あられ」、直径5mm 以上の氷のつぶを「ひょう」という。

# 台風は進行方向の左側より、右側のほうが危険！ さて、どうして？

ヒント　台風はうずを巻きながら進んでいるよ。

1　怪人台風99号！勝負だ！
フッフッフッ
オレの風にたえられるかな？

2　くらえ！右側アタック！
ビュン
え!?

3　うわぁ～一瞬で飛ばされたぁ～～～!!
オレの右側に立つからだよ

## 答え

**問** 台風は進行方向の左側より、右側のほうが危険！さて、どうして？

# 進行方向の右側は、
# 中心に向かってふきこむ風の風向と台風の進行方向が同じで
# 風が強め合うから。

## 解説

台風は中心に向かって**反時計回りに風がふきこんだ状態**で進行します。進行方向に対して左側は、ふきこむ風の向きと進行方向が逆になり風が弱め合いますが、**右側は強め合います**。なので、台風の進行方向に対して右側は危険なのです。

台風の進行方向

風が弱い

危険

台風の風と進行方向が弱め合う

台風の風と進行方向が強め合う

台風…赤道付近の海上で熱帯低気圧が発達してできたもので、中心付近の最大風速が 17.2m/秒以上（風力8以上）ある。

❶台風のもと…赤道上空で水蒸気をたくさんふくむ空気が発達してできる。

❷台風の目…台風の中心の、雲のない空洞の部分。

台風による災害…大雨、洪水、高波、高潮、がけくずれなど。

暴風域…風速 25m/秒以上の地域。

強風域…風速 15m/秒以上の地域。

積乱雲

目

台風の進路の右側を「危険半円」というよ！

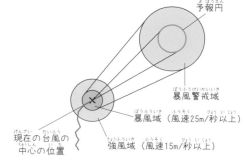

予報円

暴風警戒域

暴風域（風速25m/秒以上）

強風域（風速15m/秒以上）

現在の台風の中心の位置

台風の中心が来るであろうと予測する範囲を示す円を「予報円」という。

# 地震による「津波」と台風による「高波」のちがいは何？

**ヒント** 地震は地下で、台風は上空で発生するよ。

# 答え

地震による「津波」と台風による「高波」のちがいは何？

# 津波は、海底から海面までの海全体の海水の動き。
# 高波は、海面付近の海水だけの動き。

## 解説

地震などによる津波は、海底の下の岩盤が激しく運動することで、**海底から海水が動かされます**。一方で、台風などによる高波は、**風が動く方向に海面の水が動かされることで起こります**。海底から海面までの海水全体が動く津波のほうが、被害が大きくなる可能性が高いのです。

[ 津波と高波のちがい ]

津波

高波

地震…地下で発生した地震波が地表にまで伝わってくるもの。

❶震源…地下の地震が発生する場所。

❷地震による災害…津波、液状化現象、がけくずれなど。

震度…観測者が実際に感じるゆれの強さ。0〜7の10段階（震度5と6は弱と強がある）。

マグニチュード…震源で発生したエネルギーの大きさ。

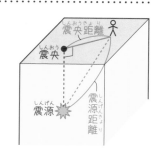

マグニチュードが2大きくなると震源で発生するエネルギーは約1000倍になるんだ。

液状化現象とは、地面がゆすられて地面を作っているつぶどうしにすき間ができることによって起こる。

# 日本で地震が多いのはなぜ？

**ヒント** 日本列島はどのような場所に位置してる？

## 答え

**問** 日本で地震が多いのはなぜ？

# 日本列島のまわりには
# いくつかのプレートがあり、
## その境界が近くにあるから。

### 解説

海や陸を支えている岩盤を「プレート」といい、海を支えるプレートを**海洋プレート**、陸を支えるプレートを**大陸プレート**といいます。

日本列島のまわりには、いくつかのプレートの境界があります。海洋プレートと大陸プレートの境界近くには震源が多いため、日本では地震が多いのです。

・・・・・・・・・・・・・・・・・・・・・・・・・・・・・・・・・・・・・・・・・・・・・・・・・・・・・・・・・・・・・・・・・・・・・・・・・

プレート…地表面にある厚さ 100km ほどの岩盤で、海や陸を支えている。

❶**大陸プレート**…大陸をつくるプレート（**北アメリカプレート、ユーラシアプレート**）。

❷**海洋プレート**…海をつくるプレート（**フィリピン海プレート、太平洋プレート**）。

プレートの動き…海洋プレートが大陸プレートの下にしずみこんでいる。

プレート境界型地震…大陸、海洋プレートの境界で起こり、**津波のおそれがある地震**。

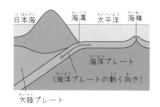

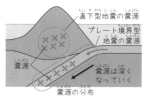

大陸内の浅い震源の地震は、津波の心配はほとんどありません。

海洋プレートが生み出される場所を「海嶺」という。

# 「マグマ」と「溶岩」の ちがいは何?

ヒント　それぞれがどこにあるかに注目!

答え

問 「マグマ」と「溶岩」のちがいは何?

# マグマは地下で岩石などがとけた高温の液体で、溶岩はマグマが地表に流れ出たもの、またはそれが地表で冷えて固まったもの。

## 解説

地下には**まわりの岩石などがとかされた高温（約 900 ～ 1200℃）の液体**があり、これをマグマといいます。

地下で強い力がはたらき火山が噴火したときに火山灰、火山ガスなどと同時に出てくる**高温の液体、もしくはそれが冷えて固まったもの**を溶岩といいます。

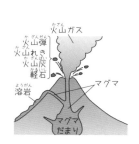

火山ガス
火山弾
火山れき
火山灰
軽石
マグマ
溶岩
マグマだまり

マグマ…地下にある周囲の岩石などがとかされた高温の液体（約 900 ～ 1200℃）。
火山噴出物…噴火のときに出てくる物質のこと。
 ❶ **火山ガス**…主成分は水蒸気だが、有毒なガスもふくむ。
 ❷ **火山灰**…固体の小さなつぶで、しばらくの間、上空をただよう。
 ❸ **溶岩**…高温の液体で、空気中で冷やされて固体（岩石）になる。
火成岩…マグマが冷えてできた岩石（火山岩と深成岩に分かれる）。

| 深成岩 | 花こう岩 | せん緑岩 | 斑れい岩 |
|---|---|---|---|
| 火山岩 | 流紋岩 | 安山岩 | 玄武岩 |
| 全体の色 | 白っぽい | ←中間→ | 黒っぽい |

【火山岩】

石基
斑晶

斑状組織
（急に冷えて粒子の大きさが不規則）

【深成岩】

等粒状組織
（ゆっくり冷えて大きな粒子ができる）

マグマが地表付近で急に冷えたのが火山岩、地下深くでゆっくり冷えたのが深成岩!

火山岩、深成岩も色、岩石をつくるマグマの性質などからそれぞれ3種類ずつに分かれる。

問題21

# 貝や大昔の生物の「化石」が できるのはなぜ？

ヒント 多くの化石は海底でできる。

答え

問
貝や大昔の生物の「化石」ができるのはなぜ？

# 生物の死がいが、
# 海底に積もった土砂にうもれて
# 岩石となったから。

解説

貝のなかまやアンモナイトなどの大昔に生きていた生物の死がいが海底にしずみ、その上から海に運ばれてきた土砂が積もり長い時間がたつと、岩石になり化石ができます。
**化石は生物の形が残った岩石、またはその死がいが岩石になったものであり、当時の環境や時代を知る手がかりとなります。**

............................................................

化石…**当時の環境を知ることのできる化石（示相化石）と時代を知ることのできる化石（示準化石）の2種類がある。**

①できたときの環境を知る　②できたときの時代を知る

サンゴ
の化石　　ホタテ
の化石

暖かく浅い海　冷たい海

アンモナイト
の化石

中世代

サンヨウチュウ
の化石

古生代

恐竜の化石からは、岩石ができた時代が中生代であることがわかるよ！

堆積岩…土砂などがおし固められてできた岩石のこと。

れき岩

主に小石など

砂岩

主に砂など

泥岩　サンゴの化石　石灰岩

主に粘土など　サンゴなどの死がい

凝灰岩

小さな穴
火山灰

石灰岩は、塩酸をかけると二酸化炭素が発生する。

# 地球温暖化が進んでいるのはなぜ？

ヒント　大気中の何が増加している？

# 答え

問
地球温暖化が進んでいるのはなぜ？

# 地球の大気中の二酸化炭素などの温室効果ガスが増加したため。

## 解説

太陽からの光で温められた熱（赤外線）は、地球の地表面から外に向かって放出されます。二酸化炭素などの**温室効果ガスには赤外線を吸収する性質があり、地表面から放出された熱は温室効果ガスによって吸収されて、また地表面を温めます。**

このような温室効果ガスが増加しているため、地球温暖化が進行しています。

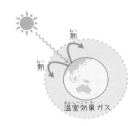

熱

熱

温室効果ガス

地球温暖化の原因…二酸化炭素やメタンなどの**温室効果ガス**の増加。
温室効果ガスの増加の原因…①化石燃料（石油、石炭、天然ガス）の大量使用、②森林の減少。
地球温暖化によっておこる現象…①海水面の上昇、②集中豪雨などの異常気象。

[ 地球温暖化ガスの増加の原因 ]

①化石燃料の大量使用

②森林の減少

二酸化炭素

酸素

[ 地球温暖化で起きること ]

海水面の上昇など

火力発電などで使う化石燃料を燃焼させると、二酸化炭素が発生します。

地球温暖化による海水面の上昇は、海水の膨張や南極の氷がとけることによって起こる。

# 物理

## 問題 01

# 方位磁針の N 極が
# 北の方角をさすのはなぜ？

ヒント 方位磁針の針は磁石でできている。ということは……？

問
方位磁針の N 極が北の方角をさすのはなぜ？

# 地球は北極が S 極で南極が N 極の大きな磁石だから。

## 解説

磁石には N 極と S 極があり、N と N、S と S どうしはしりぞけあい、N と S どうしは引き合います。**地球を大きな磁石としたとき、北極が S 極、南極が N 極となります。** そのため、方位磁針の針の N 極は北極の方向を示し、北を指すのです。

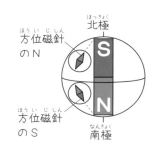

方位磁針の N

方位磁針の S

北極

南極

磁力…磁石によってはたらく力。
❶ N 極どうし、S 極どうしはしりぞけ合い、N 極と S 極は引き合う。
❷ 磁界（磁場）…磁力のはたらく空間のこと。

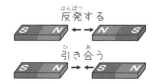

反発する

引き合う

地球上での北の方位…北極点の方向。
磁石としてみたときの地球…北極が S 極、南極が N 極。

[ 地球上での方位のイメージ ]

地球による磁場は、大気が宇宙へにげていくのを防いだり、太陽からの紫外線が地表にふりそそぐ量をへらすといわれているよ！

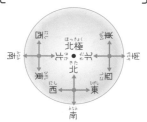

北極

北

西 東

南

地球による磁場のことを「地磁気」という。

# 棒磁石でぬい針を決まった方向に こすると、ぬい針を磁石に することができるのはなぜ？

ヒント　ぬい針は鉄でできているよ！

# 答え

## 問

棒磁石でぬい針を決まった方向にこすると、ぬい針を磁石にすることができるのはなぜ？

# ぬい針の中にある**たくさんの小さな磁石の極がすべて同じ方向に向く**から。

## 解説

ぬい針は鉄でできていて、**鉄は磁石にすることができる金属の１つ**です。

鉄の中には小さな磁石がたくさん集まっていると考えると、棒磁石の片方の極でぬい針を決まった向きに何度かこすることによって、バラバラだった小さな磁石の極の向きがすべてそろって、磁石にすることができるのです。

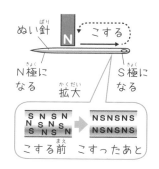

ぬい針

こする

N極になる

S極になる

拡大

SNSN NSNSNS
NSNS → NSNSNS
SNSN NSNSNS
SNSN

こする前　こすったあと

・・・・・・・・・・・・・・・・・・・・・・・・・・・・・・・・・・・・・・・・・・・・・・・・・・・・・・・・・・・・

**棒磁石の磁力の強さ**…両はしの磁力が最も強い。
**棒磁石を半分に割った場合**…両はしの磁力は割る前に比べて弱くなる。

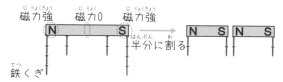

磁力強　磁力0　磁力強

N　　　S

N　S　N

半分に割る

鉄くぎ

**棒磁石のまわりに方位磁針をおいたとき**

❶ **磁力線**…N極からS極に向かって出ている線（矢印）。
❷ **方位磁針のふれる向き**…磁力線の矢印の向きに方位磁針の N 極がふれる。

磁力線

S　　N

方位磁針のN

磁力線は目には見えません。棒磁石の下に砂鉄をしくと、その様子がわかるよ！

鉄、ニッケル、コバルトなどの金属は、磁石にすることができる。

物理

問題03

# 自分の全身の姿を見るために 必要な鏡の大きさは？

ヒント　鏡によってうつった自分の姿は、どこにできる？

# 自分の身長の半分の長さの鏡があればよい。

## 解説

鏡にうつしだされた自分の姿（像）は、**鏡に対して対称な位置に自分の身長と同じ大きさ**でできます。そこで、右の図のとおり、自分の全身の姿を見るためには、**最低でも自分の身長の半分の大きさ**の鏡があればいいのです。

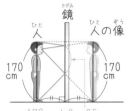

170cm÷2＝85cm

反射の法則…必ず「**入射角＝反射角**」となる。
鏡による物体の像…鏡に対して**対称な位置**に、**物体と同じ大きさの像**ができる。
物体を鏡に近づけた場合…像も鏡に同じ速さで近づいてくる。

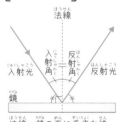

[ **反射の法則** ]

法線

入射角＝反射角

入射光　反射光

鏡

法線＝鏡の面に垂直な線

鏡を2枚組み合わせた場合（合わせ鏡）
❶**直角に組み合わせた場合**…像の数は最大で3つ。
❷**鏡の組み合わせる角度が小さいほど**、たくさんの像を見ることができる。

像の最大の個数＝360°÷組み合わせる角度 -1、となります。

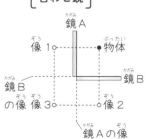

[ **合わせ鏡** ]

鏡A

像1　●物体

鏡B

鏡Bの像　像3　像2

鏡Aの像

鏡に対して直角に光が入った場合、反射角は0°となる（入射角も0°）。

# 電車の「ガタンゴトン」の音。夏より冬のほうが大きいのはなぜ？

ヒント 「ガタンゴトン」はレールとレールのつなぎ目から出る音だよ。

答え

電車の「ガタンゴトン」の音。夏より冬のほうが大きいのはなぜ？

# 冬はレールの温度が下がりつなぎ目のすき間が大きくなるから。

## 解説

電車のレールのように金属でできた棒は、温度が1℃上がるごとに一定の割合で長くなります。**冬はレールの温度が下がり短くなるので、つなぎ目のすき間が大きくなり、電車の車輪がすき間を通るときに大きな音が鳴る**というわけです。逆に、夏は温度が上がってレールが長くなるため、もともとレール間のすき間がなければつなぎ目が盛り上がってしまいます。なので、つなぎ目には少しのすき間を作っておく必要があります。

[線膨張の例]

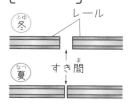

冬 レール

夏 すき間

・・・・・・・・・・・・・・・・・・・・・・・・・・・・・・・・・・・・・・・・・・・・・・・・・・・

膨張…物の体積が大きくなること。（加熱すると膨張する物が多い）

❶ **線膨張**…長さが長くなる膨張。

❷ **体膨張**…全体が同じ形のまま大きくなる膨張。

[体膨張の例]

輪　金属球のみ加熱

金属球
通りぬけできる　通りぬけできない

金属による膨張…金属によって膨張しやすいものとしにくいものがある。

（膨張しやすい）アルミニウム＞銀＞銅＞金＞鉄（膨張しにくい）

バイメタル…熱による膨張のしやすさの異なる金属板を貼り合わせたもの。

[バイメタル]

鉄
加熱
アルミニウム　アルミニウム（のびやすい）

鉄（のびにくい）

膨張とは逆に体積が小さくなることを「収縮」というよ！

📖 バイメタルは温度調節器などに使われている。

# みそ汁を温めると、みそがぐるぐる回る。さて、どうして？

ヒント 水が温まると、何が変化するでしょう？

## 答え

問

みそ汁を温めると、みそがぐるぐる回る。さて、どうして？

# 温められた水が対流を起こして、
## みそが水によって動かされるから。

### 解説

温められた水は体積が大きくなり、まわりよりも軽くなって上に上がります。すると、そこに冷たい水が流れ込んできて、また温められて上昇します。これが繰り返されて、水がぐるぐると対流を起こすのです。

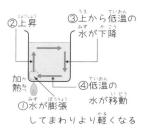

②上昇　③上から低温の水が下降

加熱

①水が膨張

④低温の水が移動

してまわりより軽くなる

・・・・・・・・・・・・・・・・・・・・・・・・・・・・・・・・・・・・・・・・・・・・・・・・・・・・・・・・・・・・・・・・・・・・・

### 熱の伝わり方

❶伝導…加熱したところから熱がじりじり伝わる。
❷対流…加熱された気体や液体がぐるぐるまわる。
❸放射…光が吸収されて熱になって温まる。

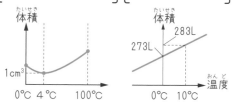

①伝導

熱

②対流

熱をもった液体の動き

③放射

地面

水の温度による体積の変化…4℃の水が最も体積が小さくなる。
空気の温度による体積の変化…温度が1℃変化すると一定の割合で大きくなる。

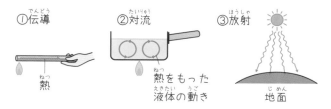

[1gの水の体積の変化]　[空気の体積の変化]

体積

1cm³

0℃ 4℃　100℃

体積

283L

273L

0℃ 10℃　温度

空気の体積は、1℃高くなると0℃のときの体積の約273分の1ずつ大きくなるんだ。

雪をとかすために灰をまくのは、太陽光による放射を利用しているため。

# アルコール消毒液を手につけると ヒヤッと感じるのはなぜ？

ヒント ヒヤッと感じるのは、体の熱が……？

## 答え 問

アルコール消毒液を手につけるとヒヤッと感じるのはなぜ？

# アルコールが蒸発するときに
# 体の熱が一部うばわれたから。

### 解説

液体が蒸発するときには、まわりから熱をうばう必要があり、とくに消毒用のアルコールにふくまれているエタノールは、蒸発のときに多くの熱をうばいます。

手にぬってヒヤッと感じるのは、体から熱をうばっているためなのです。

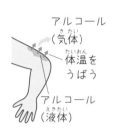

アルコール
（気体）
体温をうばう
アルコール
（液体）

---

物質の状態変化…固体・液体・気体の変化のこと。

❶ 蒸発…液体が気体になる変化。
　　例 洗濯物がかわく。
❷ 液化（凝結）…気体が液体になる変化。
　　例 寒い日に息をはくと白くくもる。
❸ 凝固…液体が固体になる変化。
　　例 水を冷凍庫に入れると氷になる。
❹ 融解…固体が液体になる変化。
　　例 チョコレートがとける。

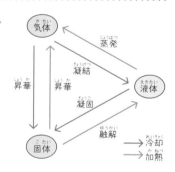

気体
蒸発
凝結
昇華 昇華
凝固
液体
融解 → 冷却 → 加熱
固体

水の状態変化…氷⇄水⇄水蒸気の変化。体積は変化するが重さは変化しない。

雲は空気中の水蒸気が水や氷のつぶになってうかんだものだよ。

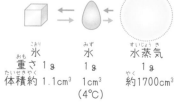

氷
重さ 1g
体積約 1.1cm³

水
1g
1cm³
(4℃)

水蒸気
1g
約1700cm³

イヌが口をあけて呼吸するのは、口の中の水分を蒸発させて、体温を下げるため。

物理

問題 07

# 魔法瓶の水筒の中の温度が変化しないのはなぜ？

ヒント 水筒内の液体の熱がどうなる？

## 答え

# 熱が中から外ににげにくく、外から中に入りにくい

## つくりをしているから。

### 解説

魔法瓶のような保冷・保温製品は、**間が真空状態の二重構造**をしています。すると、**熱の伝導と対流を防いで、中から熱がにげにくいうえに外から熱が入りにくく**なります。また、内側のかべが鏡面になっていて、放射により熱が外へにげるのを防いでいます。

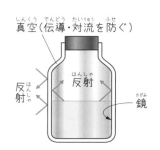

真空（伝導・対流を防ぐ）

反射

反射

反射

鏡

---

伝導しやすいもの（熱を伝えやすいもの）…金属（銀＞銅＞金＞アルミニウム＞鉄）。
対流しやすいもの…空気などの気体、水などの液体。
放射によって温まりやすいもの…黒いもの（光を吸収しやすい）。

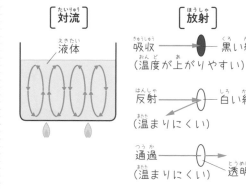

［対流］
液体

［放射］
吸収 ━ 黒い紙
（温度が上がりやすい）

反射 ━ 白い紙
（温まりにくい）

通過 ━ 透明なもの
（温まりにくい）

光は透明な物質は通過して、白いものには反射しやすい性質をもっています。

上記の金属の熱の伝導のしやすさの順は、電気の通しやすさの順と同じ。

# 電球に電流が流れると明るくなるのはなぜ？

ヒント　電球の光る部分はまわりに比べてどうなっている？

問
とい
でんきゅう でんりゅう なが あか
電球に電流が流れると明るくなるのはなぜ？

# 電球のフィラメントは
# 電気を通しにくく、
でんき とお

でんりゅう なが
電流が流れると熱や光の
か
エネルギーに変わりやすいから。

## 解説
かいせつ

でんきゅう てんとう ぶぶん
電球の点灯する部分をフィラメントといいます。フィラメントは導線に比べて電気を通しにくく、そこを電流が流れることによって、熱や光のエネルギーに変換されます。フィラメントを流れる電流の大きさが大きいほど、明るく点灯します。

ガラス球
フィラメント
でんりゅう なが
電流が流
れにくい
くちがね
口金
へそ
どうせん
導線
でんりゅう
電流
でんち
電池

電球のつくり…へそ、口金、フィラメント、ガラス球がある。
電流の流れる向き…電池の＋極から電流が流れ、－極に入っていく。
電池の大きさ…単1＞単2＞単3＞単4。
電流の大きさの単位…A（アンペア）。1 A = 1000 m A。
電流計…電流の大きさを測る道具で、回路に直列につなぐ。

でんきゅう きゅう なか
電球のガラス球の中には、燃えない気体が入っているよ！

[電池]
でんち

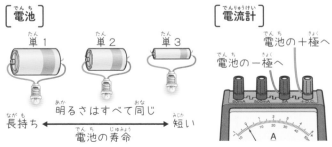

たん
単1
たん
単2
たん
単3

あか おな
明るさはすべて同じ
ながも
長持ち ← → 短い
みじか
でんち じゅみょう
電池の寿命

[電流計]
でんりゅうけい

でんち きょく
電池の＋極へ
でんち きょく
電池の－極へ

50mA 500mA 5A ＋端子

A

でんりゅうけい たんし そくてい はり でんりゅうけい
電流計ははじめ5A の－端子につないで測定する（針がふりきれると電流計がこわれるおそれがあるから）。

# 雪国では LED の信号機は使いにくい。

# さて、どうして？

ヒント　LEDと電球、それぞれが点灯したときのちがいはなんだろう？

**問** 雪国では LED の信号機は使いにくい。さて、どうして？

# LED は点灯しても発熱がほとんどなく、雪が積もると光が見えなくなってしまうから。

**解説**

発光ダイオード（LED）は、ふつうの電球より少ない電力で点灯させることができます。**ふつうの電球は光ると同時にフィラメントが発熱しますが、LED の場合はほとんど発熱がありません。** そのため、雪国で信号機に雪が積もったとき、LED 信号だと雪がとけずに信号の光が見えなくなってしまうことがあるのです。

[ LED ]
光のみ

[ 電球 ]
光と熱が出る

発光ダイオード（LED）

❶ **つなぎ方**…＋端子を電池の＋極に、－端子を電池の－端子につなぐ。

❷ **明るさ**…電球と比べて、少ない電力で明るく点灯させることができる。

❸ **寿命**…電球と比べると寿命が長くなる。

[ LED のつなぎ方 ]
点灯しない　　点灯する
電流

LED は電力の節約になるので、省エネにつながるけど、雪国の信号機に使うときは注意が必要なんだね。

2014年にノーベル物理学賞を受賞した中村修二さんは「青色発光ダイオード」を発明した。

# 火力発電が地球環境によくないといわれるのはなぜ？

**ヒント** 火力発電は○○燃料を使います。

## 答え

**問** （頌栄女子学院中学校など）

火力発電が地球環境によくないといわれるのはなぜ？

# 化石燃料を大量に燃焼させるので、大量の二酸化炭素が発生するから。

## 解説

発電方法の1つである火力発電は、**石油や石炭、天然ガスなどの化石燃料を大量に燃焼させて、タービンを**まわします。そのときに温室効果ガスの1つである二酸化炭素が大量に発生して、地球温暖化につながってしまうことから、地球環境にはよくないといわれています。

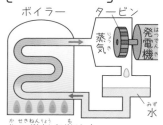

**［ 火力発電のしくみ ］**

ボイラー　　タービン

蒸気　　発電機

水

化石燃料を燃やす
→二酸化炭素を大量に出す！

・・・・・・・・・・・・・・・・・・・・・・・・・・・・・・・・・・・・・・・・・・・

## 火力発電

❶**発電方法**…石炭、天然ガス、石油といった**化石燃料などを燃やして発生する熱エネルギーを、電気のエネルギーに変換**する。

❷**火力発電の長所**…安定的に発電できる。発電の効率がとてもいい。

❸**火力発電の短所**…二酸化炭素の排出量が多い。化石燃焼の資源にかぎりがある。

その他の発電方法…風力発電、水力発電、原子力発電、地熱発電、太陽光発電など。

**［ 風力発電 ］**

**［ 水力発電 ］**

**［ 原子力発電 ］**

原子力発電は放射線事故の危険性、水力発電や風力発電は天候に左右されるなどの短所があります。

💧 水力発電はダムの建設費用が大きいなどの短所もある。

# 点灯している2個の電球があります。1個を取っても、もう一方の電球の明るさが変わらないのはなぜ？

ヒント 2個の電球がどのようにしてつながれている？

## 答え

**問** 点灯している2個の電球があります。1個を取っても、もう一方の電球の明るさが変わらないのはなぜ？

# 2個の電球が

# 並列につながれているから。

### 解説

2個の電球と1個の電池を使って導線でつなぐとき、**直列つなぎ**と**並列つなぎ**の2つのつなぎ方があります。**直列つなぎは電流の通り道が1本**なので、一方の電球を取りのぞくともう片方も消えます。これに対して、**並列つなぎは電流の通り道が2通りある**ので、一方の電球を取りのぞいても、もう片方はそれまでと同じ明るさで点灯するのです。

> 電球に流れる電流が×2、×3…となると、電球の明るさは×4、×9…となるよ！

・・・・・・・・・・・・・・・・・・・・・・・・・・・・・・・・・・・・・・・・

### 電流のつなぎ方

❶ **直列つなぎ**…電流の通り道が1本のつなぎ方。**電球の直列の数が多いほど暗く点灯して、電池の直列の数が多いほど明るく点灯する。**

❷ **並列つなぎ**…電流の通り道が何通りかあるつなぎ方。**電球の並列の数が少なくても電池の並列の数が多くても明るさは同じ。**

❸ **ショート回路**…大量の電流が流れてしまう回路（導線だけつないだ場合などに起こる。危険なのでマネしちゃダメ！）。

| [直列つなぎ] | [並列つなぎ] | [ショート回路] |
|---|---|---|

①豆電球の直列つなぎ

片方取るともう片方も消える

①豆電球の並列つなぎ

片方取ってももう片方はついたまま

点灯しない

大量の電流

②電池の直列つなぎ

②電池の並列つなぎ

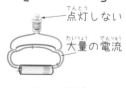

点灯しない

大量の電流

電球の直列つなぎの場合は電池が長持ちするが、電球の並列つなぎの場合は電池の寿命が短くなる。

# 物理

## 問題 12

# リニアモーターカーは
# なんと時速 500km！
# どうしてそんなに速く走れる？

ヒント　リニアモーターカーはなんの力を利用している？

## 答え

リニアモーターカーはなんと時速 500km！　どうしてそんなに速く走れる？

# 強い磁力で、ういた状態で
# 運動することができるから。

### 解説

リニアモーターカーには**超電導磁石**という**電磁石**が使われています。車体に取り付けられた磁石と、「ガイドウェイ」（リニアモーターカーにとってのレールのようなところ）に取り付けられた磁石による磁力で、ういた状態で進みます。すると、**地面とのまさつがほぼない状態で走れるので、とても速く運動できる**のです。

[ リニアモーターカー ]

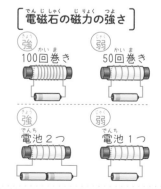

進む方向
引き合う
反発する
ガイドウェイ
引き合いと反発を
くり返し進む

- - - - - - - - - - - - - - - - - - - - - - - - - - - - - - - - - - - - - - - - -

電磁石…コイルに電流を流すことによって磁力を生み出すもののこと。
  ❶**電磁石の磁力**…巻き数が多いほど、電流の大きさが大きいほど強くなる。
  ❷**右手の法則**…親指の方向が N 極、右手の 4 本の指先の向きがコイルを流れる電流の向き。
  ❸**電磁石の特徴**…磁力の大きさを変化させることができる。
     電流が流れているときだけ磁石にすることができる。
     磁石の極の向きを変化させることができる。

[ コイルと電磁石 ]

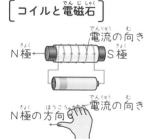

電流の向き
N極　S極
電流の向き
N極の方向
右手の法則

エネメル線の巻く向き、電流の向きを変えると、極を入れかえられるよ！

[ 電磁石の磁力の強さ ]

強
100回巻き
弱
50回巻き

強
電池2つ
弱
電池1つ

　リニアモーターカーは N 極、S極を変化させ続けることによって走り続けられる。

# つめきりでつめが
# 楽に切れるのはなぜ？

> ヒント　どのような「てこ」が利用されている？

## 答え

# 真ん中が力点のてこと 真ん中が作用点のてこの2種類の てこが組み合わさっているから。

## 解説

てこには**支点・力点・作用点**の3点があり、3種類のてこが存在します。つめきりの切る部分は真ん中が力点のてこで、細かい作業ができます。力を加える部分は真ん中が作用点のてこで、少ない力で大きな力を作用点に生み出すことができます。

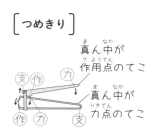

[つめきり]

真ん中が作用点のてこ

真ん中が力点のてこ

・・・・・・・・・・・・・・・・・・・・・・・・・・・・・・・・・・・・・・・・・・・・・・・

### てこの3点
❶支点…てこを支える部分。
❷力点…力を加える部分。
❸作用点…力がはたらく部分。

> 支点から力点までの距離が長く、支点から作用点までの距離が短いほど、作用点で大きな力が生まれるよ。

### 3種類のてこ
❶真ん中が支点のてこ…例 ハサミ、くぎぬきなど
❷真ん中が作用点のてこ…例 おし切りカッター、せんぬきなど
❸真ん中が力点のてこ…例 ピンセット、糸切りはさみなど

①真ん中が支点 　 ②真ん中が作用点 　 ③真ん中が力点

ハサミ　くぎぬき　　おし切りカッター　せんぬき　　ピンセット　糸切りはさみ

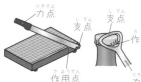

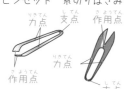

ハサミを使うときは、刃の支点に近いところで切るほうが、大きな力を生み出すことができる。

物理

問題 14

# 卵は水にしずむけど、水に食塩を加えると卵がうくのはなぜ？

ヒント 水に食塩をとかすと、どのような変化が起きる？

## 答え

卵は水にしずむけど、水に食塩を加えると卵がうくのはなぜ？

# 水に食塩をとかすと、
# 液体の密度が大きくなって卵に
# 大きな浮力がはたらくから。

## 解説

物体が液体から上向きに受ける力を**浮力**といいます。浮力の大きさは、**物体が液中につかっている体積が大きく、液体の密度が大きいほど大きくなります。**
水に食塩をとかすことによって液体の密度が大きくなり、しずんでいた卵にはたらく浮力が大きくなります。すると、卵にはたらく浮力が大きくなるため、うくのです。

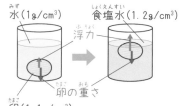

水（1g/cm³）　　食塩水（1.2g/cm³）

浮力

卵の重さ

卵（1.1g/cm³）

卵の重さ＞浮力　　卵の重さ＝浮力
※ういて静止しているとき

............................................................................

**密度**…物質1cm³の重さ。単位は g/cm³。
❶**水の密度**…1g/cm³。（4℃の水）
❷**食塩水の密度**…1g/cm³ より大きい。

**浮力**…液体などが物体をおし上げる力。
**浮力の大きさ〔g〕＝液中の物体の体積〔cm³〕×液体の密度〔g/cm³〕**
　**例**　水中に200cm³つかっている物体にはたらく浮力の大きさ
　　　200cm³×1g/cm³ = 200g

物質の密度は、物質によってちがいます。

水の密度よりも大きな密度の物体は、水にしずむ。

# 重いものを引っぱって動かすのが
# 大変なのはなぜ？

ヒント　動かすときにかかるものって、なんだろう？

# 答え

重いものを引っぱって動かすのが大変なのはなぜ？

# 地面と物体の間で大きなまさつ力がはたらいているから。

## 解説

ゆかの上にある物体を引くとき、物体とゆかとの間で**まさつ力**という力がはたらきます。この力は物体が動こうとする方向と逆向きにはたらき、**物体が重いほど大きくなります。** 重いものほど大きなまさつ力が引く向きと逆向きにかかるので、それだけ動かすことが大変というわけです。

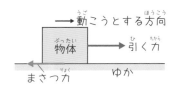

まさつ力…物体と面との間にはたらく力。
❶物体が運動しようとする向きの逆向きにはたらく。
❷物体の重さが重いほど大きくなる（面に物体が置かれている場合）。
❸面の性質によって決まる。
まさつ力が大きい面の例…でこぼこの面、サンドペーパー、マッチのこする部分など。
まさつ力が小さい面の例…ボーリング場のレーン、スケートリンクなど。

[ まさつ力が大きい面の例 ]　[ まさつ力が小さい面の例 ]

でこぼこの面

まさつ力

マッチの
こするところ

ドライアイス

スケートリンク

もし何トンもある物体だとしても、まさつ力が0ならば、指一本で水平に動かせる！

私たちが歩いたり自転車で前に進めたりするのも、地面との間にまさつ力がはたらくから。

# 昼よりも夜のほうが遠くまで音が届くのはなぜ？

ヒント 音が伝わる速さは気温に関係する！

問
昼よりも夜のほうが遠くまで音が届くのはなぜ？

# 夜は地表付近ほど空気の温度が低く、上に伝わった音が下に曲がっていくから。

解説

**空気の温度が高いほど音が伝わる速さは速くなり**、音が低温の空気から高温の空気にななめ上向きに伝わるとき、音の進路が少し下向きに変化します。これを**音の屈折**といいます。夜間は地面に近いほど空気の温度が低いので、地表付近から出した音は進路を下向きに変えていき、遠くまで音が届きやすくなるのです。

[ 昼の音の伝わり方 ]

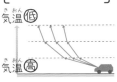

気温低

気温高

[ 夜の音の伝わり方 ]

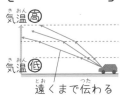

気温高

気温低

遠くまで伝わる

音の伝わる速さ…固体中 > 液体中 > 気体中。
空気中を伝わる音の速さ…気温が高いほど速くなる。約 331m/秒 + 0.6 × 気温。
音の屈折…まわりの空気の温度が変わると、音の速さが変わり、屈折する。

[ 音の伝わる速さ ]

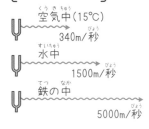

空気中（15℃）
340m/秒
水中
1500m/秒
鉄の中
5000m/秒

[ 音の屈折 ]

気温高 　　音
気温低

気温低
気温高

ちなみに、真空中では音の振動を伝えるものがないので、音は伝わりません。

　　昼間は太陽光による熱のえいきょうで、地表付近ほど空気の温度は高くなる。

# 宇宙服を着た二人がいる。どうすれば宇宙空間で会話ができる？

ヒント 音が伝わるには何が必要？

# 答え

**問** 宇宙服を着た二人がいる。どうすれば宇宙空間で会話ができる？

## 二人のヘルメットを
## くっつけた状態で会話する。

**解 説**

**音はまわりの物を振動させながら伝わり**ます。固体のヘルメットどうしをくっつけた状態で声を出すと、口から出た音の振動がヘルメット内の空気中を伝わりヘルメットを振動させて、相手のヘルメット内の空気中に振動が伝わり、声が相手に届きます。

[ 宇宙で会話をする様子 ]

振動が伝わる

音の伝わり方…まわりの物を振動させながら
　　　　　　　伝わる。
音の高さ…1秒間に振動する回数（振動数）
　　　　　が多いほど、高い音となる。

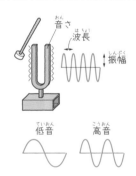

音さ
波長
振幅

低音　　　高音

モノコードの実験
❶ 高い音を出すとき…①げんを細くする、②げんを短くする、③げんをはる力を大きくする。
❷ 大きな音を出すとき…強くげんをはじく。

音の1秒間での振動回数を「振動数」といって、音の高さに比例するよ。単位はHz（ヘルツ）！

ここをはじく

げんの長さ

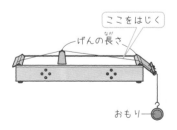

おもり

振動数が多すぎてヒトの耳に聞こえない音波を「超音波」という。

# 救急車のサイレンの音の高さが通り過ぎる瞬間に変わるのはなぜ？

ヒント 音を出すものが近づくときと遠ざかるときで何が変わる？

# 答え

救急車のサイレンの音の高さが通り過ぎる瞬間に変わるのはなぜ？

# 救急車が近づくときは音を聞く人が
# 受け取る音の振動数が多くなり、
# 遠ざかるときは少なくなるから。

## 解説

音を出すものを**音源**といいます。音源が観測者に近づくとき、静止しているときの音源の振動数よりも多い振動数の音が聞こえ、高い音に聞こえます。逆に音源が観測者から遠ざかると、静止しているときの音源の振動数よりも少ない振動数の音が聞こえ、低い音に聞こえるのです。

音源…音を出すもの。
音源が音を出しながら動くとき
❶音源が観測者に近づく…観測者には高い音が聞こえる。
❷音源が観測者から遠ざかる…観測者には低い音が聞こえる。

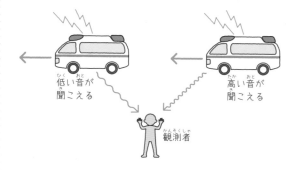

低い音が聞こえる
高い音が聞こえる
観測者

音源が動くことで観測者の受け取る振動数が変化することを「ドップラー効果」というよ！

音源が動くことで音の波（音波）がちぢめられたり引きのばされたりするため、観測者が受け取る振動数が変わる。

# 海が青く見えるのはなぜ？

ヒント 太陽から出される光って何色？

# 太陽から出される光のうち、
たいよう だ ひかり

# 青色の光は水に吸収されずに
あお いろ ひかり みず きゅう しゅう

# 海中をはねかえりやすいから。
かい ちゅう

## 解説
かい せつ

太陽からは赤、だいだい、黄、緑、青、あい、むらさき色の光などが出されています。太陽の光が海中にふりそそぐとき、青色の光以外は海の水の中にほとんど吸収されます。青色の光は吸収されにくく、海底や海中の物質を反射して、私たちの目に入ってきます。そのため、海は青く見えるのです。

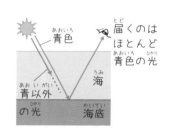

届くのは
とど
ほとんど
青色の光
あおいろ ひかり

青色
あおいろ

海
うみ

青以外
あお いがい
の光
ひかり

海底
かいてい

・・・・・・・・・・・・・・・・・・・・・・・・・・・・・・・・・・・・・・・・・・・・・・・・・・・・・・・・・・・・・・・・・

光の速さ…約30万km/秒（1秒間に地球7周半！）。地球と太陽のきょりが約1.5億kmなので、太陽からの光が地球に届くのに約500秒かかる。

太陽光の種類…赤、だいだい、黄、緑、青、あい、むらさきなど。すべての光が混ざって目に入ると白色となる。

[光の速さ]
ひかり はや

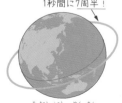

光の速さ約30万km/秒
1秒間に7周半！

※地球1周は約4万km
ちきゅう しゅう やく まん

[太陽光の種類]
たいようこう しゅるい

赤外線
せきがいせん

赤
あか
だいだい
黄
き
緑
みどり
青
あお
あい
むらさき

可視光線
かしこうせん

紫外線
しがいせん

白色の光が「空気中→ガラス中」などちがう環境に進むと、光が色別に分かれるんだ。

私たちが今見ている太陽は、約500秒前の太陽の光である。
わたし いま み たいよう やく びょうまえ たいよう ひかり

物理

問題20

# 昼に空が青く見えるのはなぜ？

ヒント 太陽から出る青色の光と空気の関係とは？

# 太陽から出される光のうち、青色の光は空気中の小さなつぶに当たり反射（散乱）しやすいから。

## 解説

地球のまわりにある大気の層の中には、空気のつぶをふくめていろいろな粒子がふくまれています。光の中でも青色の光は大気中の粒子にぶつかって反射しやすく、散乱して空が青く見えるのです。

［昼の空］

青色の光が散乱して目に入ってくる

きょりが短い

・・・・・・・・・・・・・・・・・・・・・・・・・・・・・・・・・・・・・・・・・・・・・・・・・・・・・・・・・・

地球のまわりの大気の層…厚さが約100kmある。
❶地表付近の大気…ちっ素（約78%）、酸素（約21%）、二酸化炭素（約0.04%）。
❷オゾン層…高度約20kmより上にある、オゾンという気体が集まった層。

昼の空…太陽からの青色の光が大気中の粒子を反射して一面に青の光が散乱する。
夕方の空…太陽からの青色の光は散乱するが、地表まで届きにくくなるので、赤色の光が届く割合が増える。そのため、空が赤っぽく見える（夕焼けが見える）。

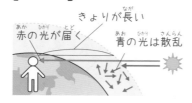

［夕方の空］

きょりが長い

赤の光が届く　青の光は散乱

夕方は太陽光が大気中を通過するきょりが長くなるので、青色の光が地表にとどきにくくなるんだ。

　オゾンは青色の気体で刺激臭があり有害だが、太陽光にふくまれる有害な紫外線を吸収してくれる。

# 雨上がりに虹が見えるのはなぜ？

ヒント　太陽から出る光が空気中の○○に突入して……。

※虹のふもとにはたどりつけないといわれています。

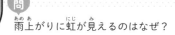

**答え**

問 雨上がりに虹が見えるのはなぜ？

# 太陽の光が空気中の雨つぶに入り、光の種類（色）によって屈折の大きさが変わるから。

## 解説

光は空気中から水中に入るときに、折れ曲がり（屈折し）ます。太陽光にふくまれる「赤、だいだい、黄、緑、青、あい、むらさき」の光は、それぞれ屈折の大きさがちがいます。虹が見えるのは、雨粒に入ったすべての光が異なる屈折をし、そのあと反射して、ちがう方向から目に届くからなのです。

［虹ができる理由］

太陽からの光
白
むらさき
空気中の
赤
水のつぶ

・・・・・・・・・・・・・・・・・・・・・・・・・・・・・・・・・・・・・・・・・・・・・・・・・・・・・・・・・・・・・・

光の屈折…光が「空気→水」などに進むときは、折れ曲がる（光の速さが境界で変わるため）。

❶空気中→水中に進むとき…境界から遠ざかるように進む。
❷水中→空気中に進むとき…境界に近づくように進む。

太陽光の屈折…むらさきが最も屈折が大きく、赤が最も小さい。

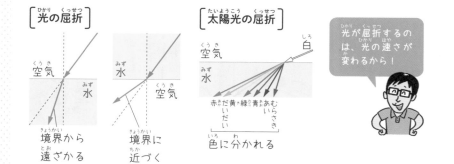

［光の屈折］

空気
水
境界から
遠ざかる

水
空気
境界に
近づく

［太陽光の屈折］

空気
水
白
赤だいだい黄緑青あいむらさき
色に分かれる

光が屈折するのは、光の速さが変わるから！

虹ができるには、空気中の雨つぶが太陽と反対方向にあることが必要。

# ろうそくに火をつけると、液体のロウがたれてくるのはなぜ？

ヒント　ロウが固体から液体になると、何が変化する？

# 答え

**問** ろうそくに火をつけると、液体のロウがたれてくるのはなぜ？

# 固体のロウが液体になるときに 体積が大きくなるから。

## 解説

ろうそくは、固体のロウが液体になり、その液体のロウがしんを伝わっていき、気体になってそれが燃えて炎となります。

炎の熱によって**固体のロウが液体になるときに体積が大きくなり**、液体のロウがたれやすくなります。

[ロウの体積変化]

液体→固体で体積が減少する

印 印
液体のロウ　　固体のロウ

※重さは変化しない

・・・・・・・・・・・・・・・・・・・・・・・・・・・・・・・・

**ロウの燃焼**…まわりの酸素と結びついて、熱や光を出しながら**水や二酸化炭素を発生させる。**

❶**外炎**…炎の外側で**最も高温**な部分（約1400℃）。

❷**内炎**…外炎の内側にあって、**最も明るい部分**（約600℃）。

❸**炎心**…**最も内側**の部分で、気体のロウが集まっている（約300℃）。

**ロウの体積の変化**

…ある重さのロウが固体→液体→気体となるにつれ、体積は大きくなる。

[ロウの炎] [割りばしの様子を確かめる実験]

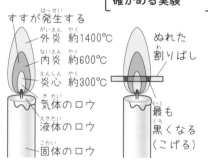

すすが発生する
外炎　約1400℃
内炎　約600℃
炎心　約300℃
気体のロウ
液体のロウ
固体のロウ

ぬれた割りばし
最も黒くなる（こげる）

外炎が最も高温なのは、まわりの酸素と十分ふれているから！

内炎が最も明るいのは、不完全な燃え方をして「すす」が発生しており、それが熱せられているため。

# 炎がゆらゆらとゆらぐのはなぜ？

ヒント　炎は何が燃えたもの？

# 答え

## 問
炎がゆらゆらとゆらぐのはなぜ？

# 炎は「気体」が燃えたものだから。

## 解説

ろうそくやガスバーナーやガスコンロから出る「炎」は、**気体が燃えたもの**です。気体だから、ゆらゆらとゆらぎます。

一方で、バーベキューの炭や、銅などの金属を強く加熱して燃やしたときは、**炎を出さず赤くかがやいて燃えます**。これは、**固体の状態のまま燃えています**。また、石油やアルコールのように、燃える液体もあり、これらは**燃えるとき気体になり光を出します**。

### 燃える気体・液体・固体

❶**燃える気体**…ロウ、プロパンガスなど（炎を出す）。

❷**燃える液体**…石油、アルコールなど（燃えるときに気体になり炎を出す）。

❸**燃える固体**…銅、マグネシウム、炭など（炎を出さずかがやいて燃える）。

[燃える気体]

気体のロウ

ロウ

[燃える液体]

アルコール

[燃える固体]

炭

木の蒸し焼き…酸素の少ないところで木を加熱すると、木ガス、木タール、木酢液、木炭ができる。

[木の蒸し焼き]

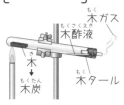

木ガス
木酢液
木
木炭
木タール

木ガスは「燃える気体」が中にふくまれているよ。

鉄を空気中で放置すると「赤さび」ができるが、これは鉄が酸素とゆっくり内部まで結びついてできたものであり、燃焼ではない。

# くしゃくしゃにした紙を燃やすとたくさん「けむり」が出るのはなぜ？

ヒント　紙をくしゃくしゃにすると、どんな燃え方をする？

**1** くしゃくしゃにした紙を燃やすとたくさんけむりが出るって先生が言ってた

へーそれがどうした？

ジュ〜

**2** 今ちょうど火を使ってるから実験してみたいなーと思って

ダメダメ！わざとけむりを出すのはよくないよ！

ジュ〜

**3** え〜!? せっかくそのために家からくしゃくしゃの紙持ってきたのに〜

わかったよ貸してみ

**4** …って、これ０点のテストじゃねーか！

バレたか

## 答え

くしゃくしゃにした紙を燃やすとたくさん「けむり」が出るのはなぜ？

# 空気中の酸素が内部にあまり入らず、不完全に燃えて微粒子がたくさん発生するから。

### 解説

物質が燃焼するには十分な酸素が必要です。十分な酸素があって紙が**完全燃焼すると、二酸化炭素と水蒸気が発生**します。

一方で、くしゃくしゃにした紙を燃やすと、内部が酸素不足となり**不完全燃焼**します。すると**固体や液体の微粒子が発生して、けむりとなって見える**のです。

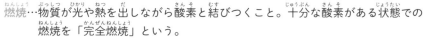

けむり

不完全燃焼でできた固体

紙

................................................................

燃焼…物質が光や熱を出しながら酸素と結びつくこと。十分な酸素がある状態での燃焼を「完全燃焼」という。

燃焼の3条件…①酸素がある、②燃焼する物がある、③発火点以上の温度がある。

**燃える（完全燃焼する）と発生する物質**

❶**二酸化炭素や水蒸気（水）が発生するもの**…ロウ、アルコール、紙など。

❷**燃えるが二酸化炭素や水を発生させないもの**…鉄、銅などの一部の金属など。

燃えると二酸化炭素と水を発生させる物質を、まとめて「有機物」といいます。

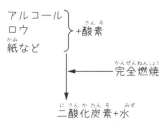

アルコール
ロウ
紙など
｝＋酸素

完全燃焼

二酸化炭素＋水

ステンレス皿　銅の粉末

黒い物質ができる（酸化銅）

ガスバーナー

銅＋酸素→酸化銅（黒）
鉄＋酸素→酸化鉄（黒）

不完全燃焼して発生した物質は、有害なものが多い。

# 氷を入れた飲み物の入った
# コップの外側がぬれるのはなぜ？

ヒント　空気中にふくまれているものが関係しているよ。

## 答え

氷を入れた飲み物の入ったコップの外側がぬれるのはなぜ？

# 空気中の水蒸気が
# コップの表面で冷やされて、
# 水のつぶに変化したから。

### 解説

空気の中には、**目に見えない水蒸気があり
ます。そして、水蒸気は冷やされると液体
の水に変化します。**

氷入りの飲み物が入ったコップの表面は温
度が低いので、空気中の水蒸気がこのコッ
プにふれると冷やされて、液体の水のつぶに
なります。これがたくさんできて、コップの外側がぬれるのです。

・・・・・・・・・・・・・・・・・・・・・・・・・・・・・・・・・・・・・・・・・・・・・・・・・・・・・・・・・・・・

水蒸気…水（液体）が気体になってできたもの（目に見えない）。
水蒸気が水に変化する日常の現象
❶上空に雲ができる…空気中の水蒸気→水のつぶ。
❷葉の表面につゆができる…空気中の水蒸気→水のつぶ。
❸寒い日にはく息が白くくもる…はく息の中の水蒸気→水のつぶ。

つゆ

はく息が白くくもる

水が水蒸気になるときは、まわりから熱をうばいます。

水が水蒸気になるときは、体積が大きくなる（約1700倍）。

# やかんから出ている湯気。 やかんの口から少しはなれた ところに見えるのはなぜ？

ヒント　そもそも湯気が目に見えるということは……。

# 答え

# やかんの口のあたりは高温で、
# 目に見えない水蒸気のままだから。

## 解説

水を入れたやかんを加熱すると、約100℃でふっとうして水がどんどん水蒸気に変化していきます。**高温の水蒸気はやかんの口を通って外に出ていきますが、まわりの空気に冷やされると水のつぶに変化します。**これが集まって目に見えるものが湯気です。やかんの口のあたりは高温なので、水のつぶではなく水蒸気のまま存在しているというわけです。

湯気＝水のつぶ
（見える）

水蒸気
（見えない）

................................................

水のふっとう…約100℃で水の表面や内部から水蒸気が出ていく。

水を温める実験

❶用意する物…棒温度計、丸底フラスコ、ふっとう石（すやきのかけら）。

❷初めに出てくるあわ…水にとけた空気。
　あとで出てくるあわ…水が変化した水蒸気。

❸約100℃になりふっとうすると、温度の変化がしばらくなくなる。

[ 水を温める実験 ]

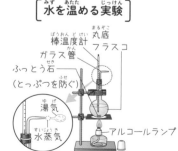

棒温度計
丸底フラスコ
ガラス管
ふっとう石
（とっぷつを防ぐ）
湯気
水蒸気
アルコールランプ

[ 温度の変化のグラフ ]

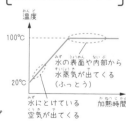

温度
100℃
20℃
加熱時間
水の表面や内部から水蒸気が出てくる（ふっとう）
水にとけている空気が出てくる

約100℃で温度が変化しなくなるのは熱が水→水蒸気に変化するのに使われるから！

富士山の頂上など標高の高いところで水を温めると、100℃より低い温度でふっとうする。

化学

問題06

# キンキンに冷えた氷を直接手でさわると、手にくっつくのはなぜ？

ヒント 冷たい氷によって、何がこおる？

答え 問
キンキンに冷えた氷を直接手でさわると、手にくっつくのはなぜ？

# 手の表面の水分がこおって
# 氷とくっつくから。

## 解説

水を冷やしていくと約0°Cでこおりはじめて、氷に変化します。**氷は冷やせば冷やすほど温度が下がっていきます。**
手の表面にも水分があるので、0°Cよりもずっと低い温度の氷を直接手でさわると、**手についた水分がこおり、それが氷と手を接着させる**ことになるのです。

手の表面の水分がこおる
指
氷

### 水をこおらせる実験

❶ **用意する物**…氷、食塩、ビーカー、試験管、温度計。
　　　　　　　※氷100gに対して食塩は約35g加えるとよい。

❷ **温度の変化**…0°Cになると水がこおりはじめ、すべてこおると温度が下がりはじめる。

❸ **体積の変化**…水→氷に変化すると体積が約1.1倍大きくなる（重さは変化しない）。　※多くの物質は液体→固体で体積は小さくなる。

[水をこおらせる実験]

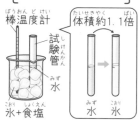

棒温度計
体積約1.1倍
試験管
水
氷＋食塩
水
氷

[温度の変化のグラフ]

温度 水がこおりはじめる
すべてこおる
20°C
0°C
冷やす時間

水がこおりはじめると温度が変化しなくなるのは、水→氷の変化のときにまわりに熱を出すから！

氷と食塩を混ぜ合わせたものは「寒剤」といって、試験管の中の水を0°Cより低い温度まで下げることができる。

# ドライアイスをゆかに投げると、スーッとよくすべるのはなぜ？

ヒント　ドライアイスの表面はどうなっているかな？

# 答え 問

ドライアイスをゆかに投げると、スーッとよくすべるのはなぜ？

# ドライアイスの表面から
## 気体の二酸化炭素が出て、
# ゆかとの間にうすい層ができるから。

## 解説

ドライアイスは二酸化炭素を約マイナス79℃まで冷やして固体にしたものです。ドライアイスを常温で放置しておくと、表面から気体の二酸化炭素に変化していき、しばらくするとなくなってしまいます。ドライアイスがよくすべるのは、表面から出た二酸化炭素の層がゆかとの間にできるからなのです。

［ドライアイス］

白いもや
（空気中の水蒸気→水のつぶ）

よくすべる

表面の氷のつぶ
（空気中の水蒸気→氷のつぶ）
ゆかとの間に二酸化炭素のまく

・・・・・・・・・・・・・・・・・・・・・・・・・・・・・・・・・・・・・・・・・・・・・・・・・・・・・・・・・・・・・・・・・・・・・・

### ドライアイスの変化
❶常温に放置しておくと…「固体→気体」に変化する。
❷水に入れたときに発生するあわ…気体の二酸化炭素が出てくる。
❸ドライアイスの表面の氷のつぶ…空気中の水蒸気が冷やされて氷のつぶになったもの。

### 気体⇆固体の変化の例
❶朝に葉の表面に「しも」がおりている（空気中の水蒸気→氷のつぶ）。
❷冷凍庫の氷が小さくなっている（氷→水蒸気）。

低温のドライアイスは氷よりも短時間で熱をうばうので、保冷材として使われているよ。

［水蒸気⇆氷の変化］

①霜がおりる　②氷が小さくなる

空気中の水蒸気

氷

氷→水蒸気

しも（氷のつぶ）

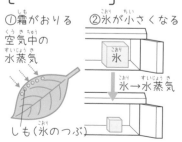

　ドライアイスの表面に見られる「白いもや」は、空気中の水蒸気が冷やされて氷のつぶになったもの。

# 炭酸飲料入りのペットボトルを
# ふると硬くなるのはなぜ？

ヒント　炭酸飲料の中で、何が起こった？

答え

炭酸飲料入りのペットボトルをふると硬くなるのはなぜ？

# 液体にとけていた二酸化炭素が気体となって出てくるから。

## 解説

二酸化炭素は水にとけやすい気体の1つで、**二酸化炭素が水にとけてできた水溶液を炭酸水といいます。**

炭酸水をふることによって、中にとけていた二酸化炭素が気体として出ていき、ペットボトルがパンパンになり硬くなるのです。

炭酸水

パンパンに硬くなる

とけている二酸化炭素が出ていく

ふる

水をかき混ぜることで、中にとけている二酸化炭素が気体となって出てくるんだ。

### 二酸化炭素の性質
❶無色無臭である。
❷同じ温度、体積の空気より約1.5倍重い。
❸水によくとける（とけて炭酸水になる）。
❹石灰水を白くにごらせる。

### 二酸化炭素の水へのとけ方
❶水の量が多いほどよくとける。
❷水の温度が低いほどよくとける。

[ 二酸化炭素と石灰水 ]

息をふきこむ
ストロー
石灰水
二酸化炭素
白いにごりが生じる

[ 二酸化炭素と水の温度 ]

ふきこぼれる

しばらく高温におく

二酸化炭素が出ようとする

※二酸化炭素は低温ほどよくとける

アンモニア水、塩酸なども炭酸水と同じく気体がとけてできた水溶液である。

化学

問題 09

# 水の中に角砂糖を入れると モヤモヤが見えるのはなぜ？

ヒント 水の中で、固体の砂糖はどうなる？

## 答え

水の中に角砂糖を入れるとモヤモヤが見えるのはなぜ？

# とけだした糖分はまわりの
# 水より密度が大きく、そこを
# 光が通るときに進路が変わるから。

### 解説

砂糖は0℃の水100gに100g以上とける、水にとけやすい固体の1つです。角砂糖を水に入れると角砂糖が表面からとけだし、**とけだした糖分は水に比べて密度が大きくなります。**密度が変化する部分を光が通るときは、光が折れ曲がる（屈折する）ので、光の進路が変わってモヤモヤが見えます。

**［角砂糖がとけるようす］**

- 水
- モヤモヤが見える
- 角砂糖

※モヤモヤが見える現象
＝シュリーレン現象

溶解度…水100gにとける物質の最大量のこと。
❶**物質の種類によってちがう。**
❷**ふつう、固体は液温が高いほどよくとける。**
食塩のとけ方…液温が変化しても、**とける最大量は少ししか変化しない。**
ホウ酸のとけ方…液温が変化すると、**とける最大量が大きく増減する。**

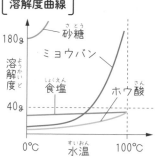

**［溶解度曲線］**

- 砂糖
- ミョウバン
- 食塩
- ホウ酸
- 180g
- 40g
- 溶解度
- 0℃　水温　100℃

ホウ酸水は液温を低くすると、たくさんのとけ残りを得ることができるよ。

もうこれ以上物質をとかせない水溶液を「飽和水溶液」という。

化学

問題 10

# 氷を作ったとき、中に「白いもの」が見えるのはなぜ？

ヒント　魚が水中で生きてくことができるのは、どうしてかな？

# 答え

**問** 氷を作ったとき、中に「白いもの」が見えるのはなぜ？

# 水の中にふくまれている空気やミネラルが氷の中央に集まって見えているから。

## 解説

水道水などの水には、**中に空気やミネラルとよばれるものがとけこんでいます。**水道水を冷やして氷にしていくと、外側からこおっていき、中にふくまれる空気やミネラルが中央に集められます。最終的にすべてこおったときに氷の中央に見られる白いものは、水の中の空気やミネラルなのです。

[ 氷の中の白い部分 ]

白い部分
水にとけていた空気、ミネラルなど

・・・・・・・・・・・・・・・・・・・・・・・・・・・・・・・・・・・・・・・・・・・

水（水道水）にとけているもの

❶**空気**…魚のなかまが水中で生きていくことができる（呼吸ができる）のは、これがあるから。

❷**ミネラル**…ナトリウム、カリウム、カルシウム、マグネシウムなどをいう。

氷をとかしたときにできる白い固体…氷ができたときに中央に集まったミネラルの一部が、水にとけにくい物質となって表れたもの。

[ 水の中にとけているもの ]

①空気

②ミネラル

カルシウム （Ca）
マグネシウム （Mg）
ナトリウム （Na）
カリウム （K）

↓

体に必要な栄養となる。

ミネラルは、人体に必要な栄養素の一部だよ。

やかんで水を温めて空だきしたときにも、ミネラルの白い固体が残る。

# 空気にふくまれている
# 気体って何？

ヒント　最も多くふくまれている気体は、酸素ではなく……。

# 答え

問
空気にふくまれている気体って何？

体積で約78%のちっ素、
約21%の酸素、
約0.04%の二酸化炭素などが
ふくまれる。

## 解説

地球の地表面付近（対流圏）にある空気中にふくまれている気体は、体積でちっ素が約78%、酸素が約21%、アルゴンが約1%、二酸化炭素が約0.04%です。地球上の空気はいろいろな気体が混ざった混合気体なのです。

ちなみに、二酸化炭素の割合は、地球温暖化のえいきょうで、年々少しずつ増えてきています。

［地球の大気］

成層圏
オゾン層
対流圏

［大気の成分］

アルゴン
約1%
二酸化炭素
約0.04%
酸素
約21%
ちっ素
約78%

・・・・・・・・・・・・・・・・・・・・・・・・・・・・・・・・・・・・・・・・・・・・・・・・・・・・・

地球上の空気の成分

❶空気の成分…ちっ素（約78%）、酸素（約21%）、アルゴン（約1%）、二酸化炭素（約0.04%）、その他（水蒸気など）。

❷空気中の水蒸気…天候や場所によってその割合は大きく変化する（雨の日は水蒸気の割合が多くなる）。

地球上の空気に酸素が十分存在するから、生物が生きていくことができるんだ。

🪨 火星の大気は約96%が二酸化炭素（酸素は約0.13%）。

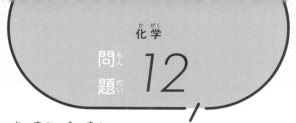

# 「過酸化水素水」「オキシドール」の呼び名がちがうのはなぜ？

ヒント　オキシドールは日常で何に使われる？

# 答え

**問** 「過酸化水素水」「オキシドール」の呼び名がちがうのはなぜ？

# オキシドールは 2.5% ～ 3% の過酸化水素の水溶液に安定性を加えたもの。

## 解説

過酸化水素水は「過酸化水素」と呼ばれる液体が水にとけた水溶液です。「オキシドール」は 2.5% ～ 3% の過酸化水素がとけた水溶液に安定性を加えた液で、傷口の消毒剤などに使われます。

オキシドール内の過酸化水素が傷口の血液と反応すると、酸素が激しく発生して、そのあわが除菌の効果を生みだします。

・・・・・・・・・・・・・・・・・・・・・・・・・・・・・・・・・・・・・・・・・・・・・・・・・・・・・・

### 酸素の性質

❶同じ温度、体積の空気より約 1.1 倍重い。
❷無色無臭。
❸物が燃えるのを助ける（助燃性がある）。
❹水にほとんどとけない。

### 酸素のつくり方

…うすい過酸化水素水に二酸化マンガンを加える（黒色の二酸化マンガンを加えると、酸素の発生が激しくなる）。

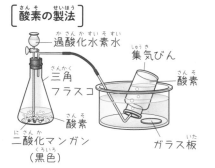

［酸素の製法］
過酸化水素水
三角フラスコ
二酸化マンガン（黒色）
酸素
集気びん
酸素
ガラス板

二酸化マンガンのかわりに「ジャガイモ」「牛のレバー」なども使えるよ！

二酸化マンガンは酸素の発生を助けるだけで、反応には使われない。

# バスボムをお湯に入れると、あわが出るのはなぜ？

ヒント このあわの正体は何かな？

## 答え

**問** バスボムをお湯に入れると、あわが出るのはなぜ？

# バスボムの重曹と酸が
# お湯にとけるときに反応して
# 二酸化炭素が発生するから。

## 解説

バスボムの中には重曹（炭酸水素ナトリウム）と酸（有機酸）がふくまれています。この２つがお湯にとけるときに反応して、**二酸化炭素が発生します**。これがバスボムから出てくるあわの正体なのです。

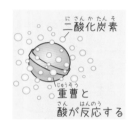

二酸化炭素

重曹と
酸が反応する

・・・・・・・・・・・・・・・・・・・・・・・・・・・・・・・・・・・・・・・・・・・・・・・・・

二酸化炭素のつくり方…❶と❷、どちらの方法でもつくれる。

❶ **うすい塩酸に石灰石を加える。**
※石灰石のかわりに卵のから、貝がら、大理石などでも反応する。「炭酸カルシウム」が多くふくまれるものがよい。

❷ **重曹（炭酸水素ナトリウム）を加熱する。**

[ うすい塩酸に石灰石を加える方法 ]

[ 重曹（炭酸水素ナトリウム）を
加熱する方法 ]

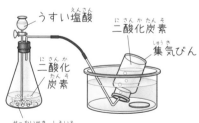

うすい塩酸
二酸化炭素
集気びん
二酸化炭素
石灰石（白色）

炭酸水素ナトリウム→炭酸ナトリウム
（白色）
水
二酸化炭素
石灰水
（白くにごる）

塩酸と石灰石のどちらも反応に使われているよ。

石灰石を細かくくだくと、表面積が大きくなるので反応が速くなる。

# 水素が「クリーンなエネルギー」と呼ばれているのはなぜ？

ヒント　水素が燃えると何ができる？

## 答え

# 水素は燃えると酸素と結びついて水ができるから。

### 解説

水素は燃える気体で、水素が酸素と反応するときに発生したエネルギーを電気のエネルギーに変換する燃料電池などに使われています。水素が燃えたあとは水が発生するだけなので、地球環境をおびやかす物質はできません。だからこそ水素は「クリーンなエネルギー」と呼ばれているのです。

・・・・・・・・・・・・・・・・・・・・・・・・・・・・・・・・・・・・・・・・・・・

**水素の性質**
❶同じ温度、体積の空気の約 0.07 倍の重さ（最も軽い）。
❷無色無臭。
❸燃える（可燃性がある）。
❹水にほとんどとけない。

**水素の燃焼**…水素＋酸素→水。

**水素のつくり方**…❶と❷、どちらの方法でもつくれる。
❶うすい塩酸にアルミニウムや鉄を加える。
❷水酸化ナトリウム水溶液にアルミニウムを加える。

［水素の製法］
水素
水素
うすい
塩酸
アルミニウム片

うすい塩酸に亜鉛などを加えることでも、水素がつくれるよ。

水素は水にほとんどとけないので「水上置換法」で集める。

# アルミかんとスチールかんの2種類があるのはなぜ？

ヒント　鉄とアルミニウムのちがいって？

**1**

オレはアルミかん！
軟派な男って言われることも
あるけど気にしないぜ！

よっ！
色男！

**2**

オレはスチールかん。
自分の信念をつらぬく
硬派な男だ

アニキ！
かっこいい！

# 答え

## 問

アルミかんとスチールかんの2種類があるのはなぜ？

# アルミかんはやわらかいため炭酸飲料に、スチールかんは大きな圧力をかけてつくるコーヒーなどに使われるから。

## 解説

アルミかんの材料の**アルミニウム**は、やわらかく**変形しやすい金属**です。強度が弱いため、**炭酸飲料**などで中から強い圧力をかけることで、容器の形を保っています。

それに対し、鉄でできているスチールかんは、**強度が強いため、殺菌などのために外から強い圧力をかけてつくるコーヒーなどに使われる**のです。

........................................................................

### 金属の性質

❶ピカピカしている（金属光沢）。
❷電気や熱をよく通す。
❸力を加えると広がったりのびたりする。

> 金属によって「密度」もちがうよ。

光沢がある

電気をよく通す

熱をよく通す

たたくと広がる

### いろいろな金属の性質

❶磁石につく金属…鉄、ニッケル、コバルト。
❷塩酸にとけて水素が発生する金属…アルミニウム、鉄、亜鉛、マグネシウム。
❸電気、熱の通しやすさ…銀＞銅＞金＞アルミニウム＞鉄。

アルミニウムは水酸化ナトリウム水溶液にもとけて、水素を発生する。

# スマートフォンの中に「金」が使われているのはなぜ？

ヒント 金や銀にはどのような性質がある？

スマートフォンの中に「金」が使われているのはなぜ？

# 他の金属と比べてさびにくく、加工しやすいから。

## 解説

金には電気をよく通すという性質のほかに、鉄や銅と比べてさびにくい、どんな金属よりうすくのばすことができて加工しやすい、などの性質があります。

そのため、高価な金ですが、スマートフォンをはじめとしたさまざまな電子機器の内部に、広く使われています。

[ 金の性質 ]

さびにくい　1cm³が約19.3g

加工しやすい

### 金の性質

❶ 密度…約 19.3g/cm³。
❷ 電気や熱をよく通す。
❸ 非常にさびにくい。
❹ うすくのばすことができて加工しやすい。

金は再生しやすい金属の１つでもあるよ。

### 鉄や銅のさび

❶ 鉄の赤さび…鉄がゆっくりと酸素と結びついてできる。電気を通さない。
❷ 銅の緑青…銅が酸素とゆっくり結びついてできる。青みがかった緑色をしている。

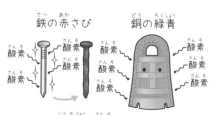

鉄の赤さび　　銅の緑青

酸素　酸素　酸素　酸素

酸素　酸素　酸素　酸素

空気中の酸素とゆっくり結びついてできる

「金箔」は厚さ0.0001mmにまでうすくのばすことができる。

# 紅茶にレモンを入れると、色がうすくなるのはなぜ？

ヒント　レモンのしるは酸性だよ。

# 答え

## 問
紅茶にレモンを入れると、色がうすくなるのはなぜ？

# レモンのしるは酸性で、
# 紅茶の色素は酸性になると無色になる性質があるから。

## 解説

紅茶の赤茶色のもととなる色素の1つに「テアフラビン」とよばれる物質があります。この色素は、**液が酸性になると無色になる**という性質をもっています。レモンのしるの中には「クエン酸」という酸性の物質がふくまれているので、紅茶にレモンを入れると、紅茶の色がうすくなるのです。

[ 紅茶の色の変化 ]

レモンのしる

赤茶色 → うすい色

---

### 酸性・中性・アルカリ性

❶ **酸性の水溶液**…ホウ酸水、食酢、塩酸、炭酸水、レモンのしるなど。
❷ **中性の水溶液**…食塩水、砂糖水、アルコール水など。
❸ **アルカリ性の水溶液**…水酸化ナトリウム水溶液、石灰水、アンモニア水など。

指示薬…酸性、中性、アルカリ性を調べる薬品のこと。BTB溶液、リトマス紙、フェノールフタレイン液などがあり、色が変化する。

| | 酸性 | 中性 | アルカリ性 |
|---|---|---|---|
| 青色リトマス紙 | 赤 | 青 | 青 |
| 赤色リトマス紙 | 赤 | 赤 | 青 |
| BTB溶液 | 黄 | 緑 | 青 |
| フェノールフタレイン液 | 無 | 無 | 赤 |

※BTB溶液は息をふきこむなどをして、「緑色」に調製して扱う。

酸性の水溶液はすっぱいもの、アルカリ性水溶液は苦いものが多いよ！でも、口にしてはいけない水溶液もあるから注意しよう。

---

むらさきキャベツのしるも、指示薬として使うことができる。

# 苦い生野菜もドレッシングを
# かけると食べやすくなるのはなぜ？

ヒント　生野菜が苦い原因って？

## 答え

苦い生野菜もドレッシングをかけると食べやすくなるのはなぜ？

# 生野菜のアルカリ性とドレッシングの酸性が中和するから。

## 解説

生野菜に苦みを感じる原因はアルカリ性だからで、これが食べづらい理由のひとつです。ドレッシングには酢がふくまれていて酸性なので、生野菜のアルカリ性と中和反応を起こして生野菜の苦みを消すことができます。ですから、苦みの強い生野菜も、ドレッシングやマヨネーズをかけると食べやすく感じるのです。

ドレッシング（酸性）

生野菜（アルカリ性）

---

酸とアルカリの中和…酸性とアルカリ性が反応して、中性になる反応。

中和反応の例
❶塩酸と水酸化ナトリウム水溶液の反応…塩酸＋水酸化ナトリウム→食塩＋水。
❷石灰水と二酸化炭素の反応…石灰水に二酸化炭素を通すと白くにごる。

反応後に残る物質…塩酸と水酸化ナトリウム水溶液を過不足なく反応させると、水を完全に蒸発させたあとに「食塩」が残る。

水酸化ナトリウム水溶液があまるとアルカリ性、塩酸があまると酸性を示すよ。

[中和のあとにできる物質]

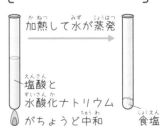

加熱して水が蒸発

塩酸と水酸化ナトリウムがちょうど中和

食塩

青色のスティックのり（アルカリ性）を使用してしばらくすると無色になるのも、空気中の二酸化炭素（酸性）と中和するから。

# 酸性雨がふつうの雨よりも酸性が強いのはなぜ？

ヒント 酸性雨は、雨水の中に何がとけている？

# 自動車や工場の排気ガスが雨水にとけて、強い酸性となるから。

## 解説

環境問題の１つである酸性雨は、**自動車や工場の排気ガス**の中にふくまれている「チッ素酸化物」や「イオウ酸化物」が雨水にとけこんで強い酸性を示します。酸性雨は、水中の生物が死んだり、建造物がとけてしまったりする原因となります。

[酸性雨の原因]

イオウ酸化物
チッ素酸化物

雲
ショウ酸や硫酸（強い酸性）に変化

チッ素酸化物

酸性雨

・・・・・・・・・・・・・・・・・・・・・・・・・・・・・・・・・・・・・・・・・・・・・・

### 酸性雨

**❶原因**
・・・自動車や工場の排気ガスにふくまれる「チッ素酸化物」「イオウ酸化物」が雨水にとけて強い酸性を示す。

**❷酸性雨によるえいきょう**
・・・森林をからす。川やぬまが、魚が住めない環境になる。建造物がとかされる。

[酸性雨による影響]

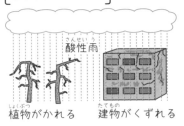

酸性雨

植物がかれる　　建物がくずれる

pH（ピーエイチ）・・・酸性の強さを示す値で、７より小さければ小さいほど酸性が強い。

強 酸性 弱　中性　弱 アルカリ性 強

| pH 0 | 1 | 2 | 3 | 4 | 5 | 6 | 7 | 8 | 9 | 10 | 11 | 12 | 13 | 14 |
|---|---|---|---|---|---|---|---|---|---|---|---|---|---|---|

塩酸　酢酸　　　　蒸留水　　アンモニア水　水酸化
硫酸　炭酸水　　でんぷんのり　重曹水　ナトリウム水溶液

ふつうの雨水は空気中の二酸化炭素がとけているので、弱い酸性です。

鍾乳洞は酸性の雨水が石灰岩をとかしてできたもの。

# 地球の大気中に酸素があるのはなぜ？

ヒント　酸素を生みだしてくれるものは？

## 答え

問
地球の大気中に酸素があるのはなぜ？

# 光合成できる植物が誕生して、二酸化炭素と水から酸素を生みだすようになったから。

## 解説

地球ができた約46億年前には、大気の中に酸素はありませんでした。地球上に生物が誕生して、その中から「ランソウ」とよばれる植物の先祖が現れ、ランソウは海の中で水にとけている二酸化炭素と水から、光のエネルギーを使って酸素とでんぷんを生みだしました。このような光合成のはたらきで、現在は大気中に酸素がふくまれています。

[地球上の酸素と光合成]

光エネルギー
二酸化炭素
光合成
酸素
酸素
呼吸
二酸化炭素
酸素
呼吸
二酸化炭素

光合成の式…二酸化炭素＋水　→　酸素＋でんぷん

↑
（光のエネルギー）

呼吸の式…酸素＋でんぷん　→　二酸化炭素＋水

↓
（生きるためのエネルギー）

呼吸の式は光合成とは逆で、生きるためのエネルギーを生み出している！

大昔の地球上の大気…高温の水蒸気がほとんどで、その他にメタン、アンモニア、二酸化炭素などがふくまれていたと考えられている。

いん石
原始の地球
原始大気
水蒸気など

大気中に酸素が増加して、それがもとでオゾン層ができたと考えられている。

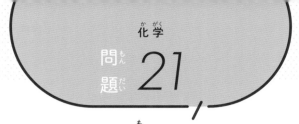

# プラスチックを燃やさないほうが
# いいのはなぜ？

ヒント　有害物質が出ることもそうだけれど……。

## 答え

プラスチックを燃やさないほうがいいのはなぜ？

# 資源として再利用できるから。

### 解説

ペットボトルのようなプラスチックは、もともと石油から作られています。一部のプラスチックは燃やすと有害な物質が発生するため、燃やさないほうがいい

ペットボトル　レジ袋　ストロー　シャンプーのボトル

といえますが、何よりも**プラスチックは資源として再利用できる物質**です。そのため、燃やしてしまうより、他の製品に加工したり、そのまま再利用したりするのです。

プラスチック…石油から作られている。

❶**プラスチックの燃焼**…燃えると二酸化炭素や水が発生する（一部は有害な物質も発生する）。

❷**種類**…PE（ポリエチレン）、PET（ポリエチレンテレフタラート）、PP（ポリプロピレン）など。

❸**性質**…軽くて丈夫である。熱を加えると変形して加工しやすい。

[ **プラスチックの性質** ]

①軽くて丈夫である

②熱を加えると変形

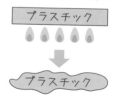

プラスチック

↓

プラスチック

プラスチックは鉄などとちがい、さびないという性質もあるよ。

プラスチックは細かくして衣類などにも加工されている。

# 意味つき索引

## アルファベット

**BTB溶液** ....................... 176
指示薬の1つで、酸性が黄色、中性が緑、アルカリ性が青に反応する

**LED** ....................... 118
発光ダイオードのことで、光るときにほとんど発熱しないという特徴をもつ

**pH（ピーエイチ）** ....................... 180
酸性度を0〜14の数値で表したもので、7より小さければ小さいほど酸性が強い

## あ行

**雲量** ....................... 88
空全体の面積を10としたときの雲の割合

**液化** ....................... 112
凝結。気体が液体になる変化

**炎心** ....................... 144
炎のもっとも内側の部分で、気体のロウが集まっている

**オゾン層** ....................... 60、140
大気中にある、生物に有害な紫外線を吸収する層

**音の屈折** ....................... 132
まわりの空気の温度が変わることで音の速さが変わり、進路が曲がること

**音源** ....................... 136
音を出すもののこと

**温室効果ガス** ....................... 100
二酸化炭素など、地球温暖化につながるガスの総称

**温帯低気圧** ....................... 84
寒冷前線と温暖前線がある低気圧で、西から東に移動する

**温暖前線** ....................... 84
暖気の勢いが寒気より強い前線

## か行

**外炎** ....................... 144
炎の外側で最も高温な部分

**海溝** ....................... 94
大陸プレートに海洋プレートが沈み込んだ境界にできた深い部分

**海洋プレート** ....................... 94
海を形成するプレートで、日本付近にはフィリピン海プレートと太平洋プレートがある

**海嶺** ....................... 94
新しい海洋プレートができる部分

**外惑星** ....................... 74
太陽系の惑星のうち、地球の外側を公転している惑星。火星、木星、土星、天王星、海王星

**下降気流** ....................... 78
下向きの空気の流れ。高気圧ができる

**火山ガス** ....................... 96
火山噴出物のうち、気体のもの

**火山岩** ....................... 96
マグマが地表近くで急に冷やされてできた岩石

**火山灰** ....................... 96
固体の火山噴出物で、噴火後しばらく上空をただよう

**火山噴出物** ....................... 96
火山の噴火の際に噴き出すもので、火山ガス、溶岩、火山灰、軽石などがある

**可視光線** ....................... 138
ヒトが見ることのできる光で、赤、だいだ

い、黄、緑、青、あい、むらさきの色がある

### 火星 ·········· 62、74
地球の外側を公転している外惑星で、酸化鉄を多くふくんだ赤っぽい土でおおわれている

### 火成岩 ·········· 96
マグマが冷えてできた岩石で、火山岩と深成岩に分かれる

### 化石 ·········· 98
当時の環境を知ることのできる化石と、時代を知ることのできる化石の２種類がある

### 火力発電 ·········· 120
化石燃料を燃やして発生する熱エネルギーを電気のエネルギーに変換する発電方法

### 感覚器官 ·········· 56
光や音などの刺激を受け取る器官で、目、耳、鼻、皮ふ、舌がある

### 乾湿計 ·········· 76
湿度を測定する装置で、乾球温度計と湿球温度計の示度の差を読み取り、湿度表から湿度を求める

### 完全変態 ·········· 30、36
卵→幼虫→さなぎ→成虫、という育ち方のこと

### 肝臓 ·········· 44、50
アンモニアを尿素に変えたり、たんじゅうをつくったりといったはたらきをする臓器

### 寒冷前線 ·········· 84
寒気の勢いが暖気より強い前線

### 気孔 ·········· 22
植物にある酸素、二酸化炭素、水蒸気の出入り口

### 凝灰岩 ·········· 98
火山灰がおし固められてできた岩石

### 凝結 ·········· 112
液化。気体が液体になる変化

### 凝固 ·········· 112
液体が固体になる変化

### 強風域 ·········· 90
台風などの周辺で、風速15m/秒以上の地域

### 魚類 ·········· 38
せきつい動物の一種で、水中で生活し、体表面はうろこでおおわれ、えら呼吸をする

### 金 ·········· 174
電気や熱をよく通し、非常にさびにくい金属

### 金星 ·········· 62、74
地球より内側を公転している内惑星で、明け方の東の空と夕方の西の空に見える

### 血しょう ·········· 48
液体の血液の成分で、栄養分や不要物などを運ぶ

### 血小板 ·········· 48
固形の血液の成分で、血液を固める

### 月食 ·········· 68
「太陽、地球、月」の順に並び、地球のかげが月にかかって月が欠けて見える現象

### ゲリラ豪雨 ·········· 80
一般的にせまい範囲で、急に空が暗くなり、短時間で激しい雨が降る現象

### 恒温動物 ·········· 38
体温が常にほぼ一定の動物

### 高気圧 ·········· 78
まわりより気圧の高いところで、下降気流が発生している

### 光合成 ·········· 22
植物が光エネルギーを利用して、二酸化炭素と水からでんぷんと酸素をつくりだすはたらき

### こうさい ·········· 56
目の中にある、光の量を調節する部分

### 恒星 ·········· 70

自力でかがやく星で、1等星と6等星では明るさの比が100倍

**公転（地球）** ……………… 72
太陽のまわりを西から東に1年で約360度回っていること

**黄道12星座** ……………… 72
1年で12個ある、太陽が重なって見える代表的な星座のこと

**合弁花** ……………… 18
花びらが1つにつながっている花

**呼吸（植物）** ……………… 22
酸素とでんぷんから二酸化炭素と水をつくりだすはたらき

### さ行

**砂岩** ……………… 98
砂がおし固められてできた岩石

**作用点** ……………… 126
てこの力がはたらく部分

**酸化鉄** ……………… 148
鉄が酸素と結びついて酸化した物質

**酸化銅** ……………… 148
銅が酸素と結びついて酸化した物質

**酸性雨** ……………… 180
強い酸性の雨

**酸素** ……………… 166
無色無臭で、水にほとんどとけず、物が燃えるのを助ける性質がある気体

**磁界** ……………… 102
磁力のはたらく空間

**自家受粉** ……………… 28
1つの花の中でおこなう受粉

**師管** ……………… 22
葉でつくった栄養分の通り道

**示準化石** ……………… 98
地質年代を知る手がかりとなる化石で、特定の時代に幅広く生息していた生物の化石

**地震** ……………… 92
地下で発生した地震波が地表にまで伝わってくる現象

**示相化石** ……………… 98
岩石ができた当時の環境を知る手がかりとなる化石で、長い時代にわたって特定の環境で生息している生物の化石

**湿度** ……………… 76
空気のしめりぐあいを表すもの

**支点** ……………… 126
てこを支える部分で、動かない

**自転（地球）** ……………… 58
地軸を回転軸として、西から東に1日で約360度回っていること

**子房** ……………… 14
被子植物のめしべのもとにあるふくらんでいる部分で、中にはいしゅがある

**柔毛** ……………… 50
小腸の内部にたくさんあるひだ

**受粉** ……………… 14、16、28
めしべの柱頭に、おしべでつくった花粉がつくこと

**重力** ……………… 64
地球や月などが物体を引きつける力

**消化** ……………… 44
食べ物の中の栄養を吸収されやすい形にすること

**消化器官** ……………… 44
口、食道、胃、十二指腸、小腸、大腸、肝臓、すい臓、たんのう、こう門

**蒸散** ……………… 22
植物が新しい水分を吸収するために気孔から

水蒸気を出すはたらき

**上昇気流** —————— 78、84
上向きの空気の流れ。低気圧ができる

**状態変化** —————— 112
物体が固体↔液体、液体↔気体、固体↔気体
に変化すること

**蒸発** —————— 112
液体が気体になる変化

**静脈** —————— 52
心臓に向かう血液が流れる血管

**ショート回路** —————— 122
大量の電流が流れてしまう回路

**磁力** —————— 102
磁石によってはたらく力

**磁力線** —————— 104
N極からS極に向かって出ている線

**震央** —————— 92
震源の真上の地表面上の地点

**震源** —————— 92
地下の地震が発生した地点

**深成岩** —————— 96
マグマが地下深くでゆっくり冷やされてでき
た岩石

**震度** —————— 92
地震において、観測点におけるゆれの大きさ

**水蒸気** —————— 150、152、156
水が気体になってできたもの

**水素** —————— 170
無色無臭で、水にほとんどとけず、燃える気
体

**せきつい動物** —————— 38
内骨格のある（背骨のある）動物

**積乱雲** —————— 80、84

縦に発達してせまい範囲に激しい雨を降らせ
る雲

**石灰岩** —————— 98
サンゴの死がいがおし固められてできた岩石

**赤血球** —————— 48
固形の血液の成分で、酸素を運ぶ

**節足動物** —————— 34、42
無せきつい動物の分類の1つで、からだがか
たいからでおおわれていて、あしに節がある

**前線** —————— 84
暖気と寒気がぶつかった地表面上の境界線

**線膨張** —————— 108
長さが長くなる膨張

**草食動物** —————— 40
植物を食べる動物

### た行

**堆積岩** —————— 98
土砂などがおし固められてできた岩石

**台風** —————— 86、90
赤道付近の海上で発生した熱帯低気圧のう
ち、風速17.2m/秒以上（風力8以上）のも
の

**体膨張** —————— 108
全体が同じ形のまま大きくなる膨張

**太陽** —————— 58、66
自力でかがやく恒星

**大陸プレート** —————— 94
大陸がのっているプレートで、日本付近には
北アメリカプレートとユーラシアプレートが
ある

**対流** —————— 110、114
熱の伝わり方のうち、加熱された気体や液体
がぐるぐるまわること

## 短日植物 ········· 26
たんじつしょくぶつ
よる なが なが かいか しょくぶつ
夜の長さが長くなると開花する植物

## 地軸 ········· 58、72
ちじく
ちきゅう ちゅうしん とお ほっきょく なんきょく むす せん
地球の中心を通り、北極と南極を結ぶ線

## 虫媒花 ········· 14
ちゅうばいか
か ふん こんちゅう はこ はな
花粉が昆虫によって運ばれる花

## 中和 ········· 178
ちゅうわ
さんせい すいようえき せい すいようえき ま あ
酸性の水溶液とアルカリ性の水溶液を混ぜ合
ちゅうせい はんのう
わせたときに、中性になる反応

## 長日植物 ········· 26
ちょうじつしょくぶつ
よる なが みじか かいか しょくぶつ
夜の長さが短くなると開花する植物

## 鳥類 ········· 38
ちょうるい
どうぶつ いっしゅ りくじょう せいかつ たいひょう
せきつい動物の一種で、陸上で生活し、体表
めん うもう
面は羽毛でおおわれている

## 直列つなぎ ········· 122
ちょくれつ
でんりゅう とお みち ほん かた
電流の通り道が１本のつなぎ方

## 月 ········· 64、66、68
つき
ちきゅう こうてん えいせい
地球のまわりを公転する衛星

## 泥岩 ········· 98
でいがん
どろ かた かた がんせき
泥がおし固められてできた岩石

## 低気圧 ········· 78
ていきあつ
きあつ ひく じょうしょうきりゅう
まわりより気圧の低いところで、上昇気流が
はっせい
発生している

## 停滞前線 ········· 84
ていたいぜんせん
だんき かんき おな いきお ぜんせん
暖気と寒気が同じくらいの勢いのため、ほぼ
うご ぜんせん
動かない前線

## 天気図記号 ········· 88
てんきずきごう
てんき きごう あらわ
天気を記号にして表したもの

## 電磁石 ········· 124
でんじしゃく
でんりゅう なが じりょく う
コイルに電流を流すことによって磁力を生み
だ
出すもの

## 伝導 ········· 110、114
でんどう
ねつ つた かた かねつ
熱の伝わり方のうち、加熱したところからじ
つた
りじり伝わること

## 電流 ········· 116、122
でんりゅう
かいろ なが でんき なが きょく きょく
回路に流れる電気の流れで、＋極から－極に
なが たんい
流れる。単位はアンペア（A）

## 電流計 ········· 116
でんりゅうけい
でんりゅう おお はか どうぐ かいろ ちょくれつ
電流の大きさを測る道具で、回路に直列につ
なぐ

## 道管 ········· 22
どうかん
ね きゅうしゅう みず ひりょう とお みち
根から吸収した水や肥料の通り道

## 動脈 ········· 52
どうみゃく
しんぞう で けつえき なが けっかん
心臓から出る血液が流れる血管

## な行

## 内炎 ········· 144
ないえん
がいえん うちがわ もっと あか ぶぶん
外炎の内側にあって、最も明るい部分

## 内惑星 ········· 74
ないわくせい
たいようけい わくせい ちきゅう うちがわ こうてん
太陽系の惑星のうち、地球より内側を公転し
わくせい すいせい きんせい
ている惑星。水星、金星

## 夏日 ········· 82
なつび
にち さいこうきおん いじょう ひ
１日の最高気温が25℃以上の日

## 南中（太陽） ········· 58
なんちゅう たいよう
たいよう まみなみ
太陽が真南にくること

## 肉食動物 ········· 40
にくしょくどうぶつ
ほか どうぶつ た どうぶつ
他の動物を食べる動物

## 二酸化炭素 ········· 158、168
にさんかたんそ
むしょくむしゅう みず きたい
無色無臭で、水によくとける気体

## 日食 ········· 68
にっしょく
たいよう つき ちきゅう じゅん なら つき
「太陽、月、地球」の順に並び、月によって
たいよう げんしょう
太陽がかくされる現象

## 入射角 ········· 106
にゅうしゃかく
さ こ ひかり にゅうしゃこう ほうせん かく
差し込む光（入射光）と法線がなす角

## 燃焼 ········· 148
ねんしょう
ぶっしつ ひかり ねつ だ さんそ むす
物質が光や熱を出しながら酸素と結びつくこ
と

## は行

**はいしゅ** ……… 14
種子植物の、発達して種（種子）になる部分

**肺ほう** ……… 46
肺の中にある直径0.1〜0.2mmの袋状のもの

**バイメタル** ……… 108
熱による膨張しやすさが異なる金属板を貼り合わせたもの

**は虫類** ……… 38
せきつい動物の一種で、陸上で生活し、体表面はうろこやこうらでおおわれている

**白血球** ……… 48
固形の血液の成分で、細菌やウイルスからからだを守る

**発光ダイオード** ……… 118
LEDのこと

**反射角** ……… 106
面で反射した光（反射光）と法線がなす角

**反射の法則** ……… 106
光が物体の表面で反射するときに「入射角＝反射角」となること

**光の屈折** ……… 142
光がある透明な物質から別の透明な物質に進むとき、境界面で折れ曲がること

**光の速さ** ……… 138
真空中で約30万km/秒

**ヒートアイランド現象** ……… 80
都市の気温が周囲よりも高くなる現象

**風向** ……… 86、88
風がふいてくる方向

**風媒花** ……… 14、16
花粉が風によって運ばれる花

**風力** ……… 86、88
風の強さのことで、0〜12の13段階に分け

られている

**フェノールフタレイン液** ……… 176
指示薬の1つで、酸性と中性で無色、アルカリ性で赤色を示す

**不完全変態** ……… 36
卵→幼虫→成虫、という育ち方のこと

**冬日** ……… 82
1日の最低気温が0℃未満の日

**プラスチック** ……… 184
石油からつくられる素材の1つで、資源として再利用もできる

**浮力** ……… 128
液体などが物体をおし上げる力

**プレート** ……… 94
海や陸を支えている厚さ100kmほどの岩盤

**プレート境界型地震** ……… 94
大陸プレートと海洋プレートの境界で起こり、津波のおそれがある地震

**並列つなぎ** ……… 122
電流の通り道が何通りかあるつなぎ方

**変温動物** ……… 38
体温が気温で変化する動物

**偏西風** ……… 86
日本の上空に1年中ふいている西からの弱い風

**放射** ……… 110、114
熱の伝わり方のうち、光が吸収されて熱になって温まること

**法線** ……… 106
ある面に対して垂直な線

**膨張** ……… 108
物の体積が大きくなること

**暴風域** ……… 90
台風などの周辺で、風速25m/秒以上の地域

**ほ乳類** ................................ 38
せきつい動物の一種で陸上で生活し、体表面は体毛でおおわれ、肺呼吸をし、胎生でふえる

## ま行

**マグニチュード** ................................ 92
震源で発生した地震のエネルギーの大きさ

**マグマ** ................................ 96
地下にある岩石などがとかされてできた高温の液体

**まさつ力** ................................ 130
物体と面との間にはたらく力

**真夏日** ................................ 82
1日の最高気温が30℃以上の日

**真冬日** ................................ 82
1日の最高気温が0℃未満の日

**密度** ................................ 128
物体1cm³あたりの重さ

**無せきつい動物** ................................ 34、42
体の内部の骨がない（背骨がない）動物

**毛細血管** ................................ 48、50
全身のあらゆる組織にはりめぐらされている非常に細い血管

**猛暑日** ................................ 82
1日の最高気温が35℃以上の日

**もうまく** ................................ 56
目の中にある、光の情報を電気信号に変換する部分

**モノコード** ................................ 134
共鳴箱に1本のげんを張って、音が出るようにした楽器

## や行

**融解** ................................ 112
固体が液体になる変化

**溶解度** ................................ 160
水100gにとける物質の最大量のこと

**溶岩** ................................ 96
噴火の際に出てくる高温の液体で、空気中で冷やされて固体になる

**葉緑体** ................................ 22
植物の光合成をおこなう、緑色のつぶ

## ら行

**裸子植物** ................................ 16
子房がなくはいしゅがむき出しになっている植物

**乱層雲** ................................ 80、84
うすく横に発達して広い地域にしとしと雨を降らせる雲

**力点** ................................ 126
てこの力を加える部分

**リトマス紙** ................................ 176
酸性のものにつけると、青色リトマス紙は赤色に変化し、アルカリ性のものにつけると、赤色リトマス紙は青色に変化する

**離弁花** ................................ 18
花びらがつながっておらず、離れている花

**両生類** ................................ 38
せきつい動物の一種で、幼生は水中で生活し、成体は水辺で生活する

**れき岩** ................................ 98
れきがおし固められてできた岩石

**露点** ................................ 78
空気中の水蒸気が水滴になりはじめる温度

【著者紹介】

## 佐川 大三（さがわ・だいぞう）

◉──京都大学卒。リクルート運営の映像配信講座「スタディサプリ 中学講座」にて、理科の授業を担当。理科の真髄を伝える熱血講師として知られ、関西を中心に最難関の中学・高校・大学への合格者を多数輩出している。

◉──「なぜ？」という疑問に対して根底から理解させることに徹しているアグレッシブな関西弁の授業は、生徒のモチベーションを上げてくれると評判。身近な現象を元にした導入から授業を始めることで、物理や化学の難問をわかりやすく解きほぐし、生物や地学の退屈な暗記も楽しいゲームにしてしまう。

◉──著書に『中学理科のなぜ？が1冊でしっかりわかる本』（小社刊）、監修に『高校入試7日間完成 塾で教わる 中学3年分の総復習 理科』『高校入試 KEY POINT 入試問題で効率よく鍛える 一問一答 中学理科』『『カゲロウデイズ』で中学理科が面白いほどわかる本』『改訂版 ゼッタイわかる 中1理科』『同 中2理科』『同 中3理科』（以上、KADOKAWA）がある。

明日を変える。未来が変わる。

マイナス60度にもなる環境を生き抜くために、たくさんの力を蓄えているペンギン。
マナPenくんは、知識と知恵を蓄え、自らのペンの力で未来を切り拓く皆さんを応援します。

## 小学理科のなぜ？が1冊でしっかりわかる本

2024年7月29日　第1刷発行

著　者──佐川　大三

発行者──齊藤　龍男

発行所──株式会社かんき出版

　　　　東京都千代田区麹町4-1-4 西脇ビル　〒102-0083

　　　　電話　営業部：03(3262)8011代　編集部：03(3262)8012代

　　　　FAX　03(3234)4421　　　　　　振替　00100-2-62304

　　　　https://kanki-pub.co.jp/

印刷所──シナノ書籍印刷株式会社